大数据环境下
计算机数据
处理技术探索

师坤 廖福香 李杰 ◎ 著

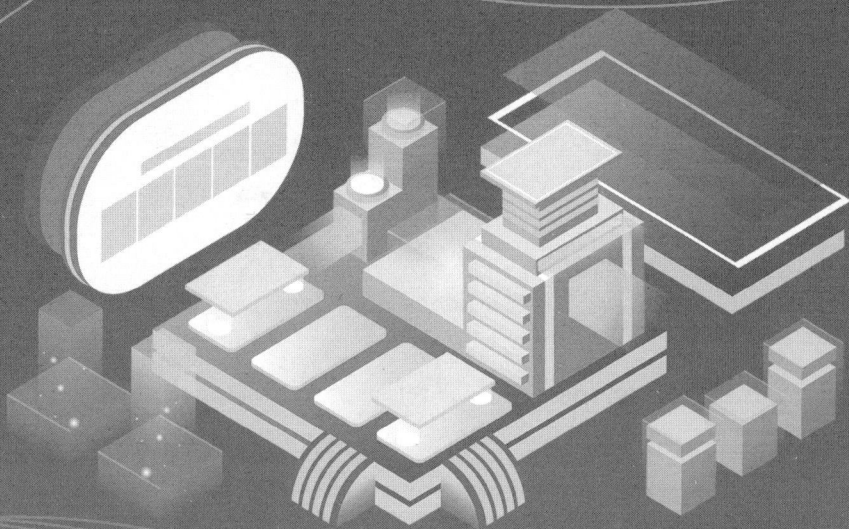

DASHUJU
HUANJING
XIA
JISUANJI SHUJU
CHULI JISHU TANSUO

大数据的生态环境与基础理论

大数据处理周期与科学研究

数据获取技术

清洗 去噪

约简 集成

基础处理技术

中国出版集团

中译出版社

图书在版编目（CIP）数据

大数据环境下计算机数据处理技术探索／师坤，廖
福香，李杰著. -- 北京：中译出版社，2024. 6.
ISBN 978-7-5001-7990-0

Ⅰ. TP274

中国国家版本馆 CIP 数据核字第 2024CD0472 号

大数据环境下计算机数据处理技术探索
DASHUJU HUANJING XIA JISUANJI SHUJU CHULI JISHU TANSUO

著　　者：师　坤　廖福香　李　杰
策划编辑：于　宇
责任编辑：于　宇
文字编辑：田玉肖
营销编辑：马　萱　钟筱童
出版发行：中译出版社
地　　址：北京市西城区新街口外大街 28 号 102 号楼 4 层
电　　话：（010）68002494（编辑部）
邮　　编：100088
电子邮箱：book@ctph.com.cn
网　　址：http://www.ctph.com.cn

印　　刷：北京四海锦诚印刷技术有限公司
经　　销：新华书店
规　　格：710 mm × 1000 mm　1/16
印　　张：13. 25
字　　数：211 千字
版　　次：2025 年 3 月第 1 版
印　　次：2025 年 3 月第 1 次印刷

ISBN　978-7-5001-7990-0　　定价：　68. 00 元

前　言

　　互联网和信息技术的迅速发展与普及，标志着数据技术时代的来临。现在人们生活在一个充满数据的世界里，信息数据量正呈指数级增长，由此开启了大数据时代。大数据具有数据体量大、数据类型繁多、处理速度快的特征。大数据技术涵盖了从数据的海量存储、处理到应用等多方面的技术，包括海量分布式文件系统、并行计算框架、NoSQL 数据库、实时流数据处理、智能分析技术（模式识别、自然语言理解等）。通过挖掘和处理海量数据，人们可以获得其背后隐藏的巨大价值，从而促进其应用服务的细分化和精准化。因此，如何使用大数据，如何在垂直领域深度应用，已经成为国内外关注和研究的焦点。

　　本书是数据处理方向的书籍，主要研究大数据环境下计算机数据处理技术。本书从大数据基础介绍入手，针对数据科学、大数据的生态环境与基础理论、大数据处理周期与科学研究范式做了简要说明；接着对数据获取技术以及清洗、去噪、约简、集成等基础处理技术进行了阐释；着重探讨了数据挖掘中的模式甄别与网络分析及大数据平台的构建与使用；还对数据处理安全与大数据技术发展趋势进行了分析，最后对计算机数据处理中机器学习的应用提出了一些建议。本书力求对计算机数据处理技术的应用创新有一定的借鉴意义。

　　本书内容丰富，逻辑清晰，理论与实际相结合。作者在撰写过程中查阅了大量的资料文献作为参考，引用了大量相关领域专家学者的最新研究成果，具有前瞻性和实用性，在此向这些专家学者致以衷心的感谢。由于作者时间和精力有限，书中不足之处在所难免，敬请各位同行和广大读者予以批评指正。

作者

2024 年 3 月

目　录

第一章　大数据概述

第一节　数据科学

数据科学是关于数据的科学，基于数据的广泛性和多样性研究数据的共性。数据科学是研究探索 CYBER 空间中数据界的理论、方法和技术。

一、数据科学的相关术语

（一）CYBER 空间

CYBER 空间意译为异次元空间、多维信息空间、计算机空间、网络空间等。其本意是指以计算机技术、现代通信网络技术、虚拟现实技术等信息技术的综合运用为基础，以知识和信息为内容的新型空间，是人类运用知识创造的人工世界，是一种用于知识交流的虚拟空间。信息化是一个数据生产的过程，是将现实世界中的事物和现象以数据的形式存储到 CYBER 空间中。数据记录了人类的行为，包括工作、生活和社会的发展，是自然和生命的一种表示形式。

（二）数据爆炸

数据快速大量地产生并存储在 CYBER 空间中的现象称为数据爆炸，数据爆炸在 CYBER 空间中形成数据自然界。数据是 CYBER 空间中的唯一存在，我们需要研究和探索 CYBER 空间中数据的规律和现象。探索 CYBER 空间中数据的规律和现象是探索宇宙规律、探索生命规律、寻找人类行为规律、寻找社会发展规律的一种重要手段。

（三）数据科学的定义

数据科学是关于数据的科学或者研究数据的科学，是探索 CYBER 空间中数据界奥秘的理论、方法和技术，研究的对象是数据界中的数据。与自然科学和社会科学不同，数据科学的研究对象是 CYBER 空间数据。数据科学主要包括两方面：一是研究数据本身，以科学的方法研究数据的各种类型、状态、属性及变化形式和变化规律；二是用数据的方法研究科学，为自然科学和社会科学研究提供一种新的方法，称为科学研究的数据方法，其目的在于揭示自然界和人类行为的现象和规律。

（四）数据科学的方法和技术

数据科学采用收集数据的形式，进行开放式分析，不做预先假定。在许多数据科学项目中，首先要浏览原始数据，形成一个假定，然后基于假定进行调查确认。数据科学的关键概念是：数据科学是一种经验科学，直接基于数据进行科学处理。数据科学已经有一些方法和技术，例如数据获取、数据存储与管理、数据安全、数据分析、可视化等。

数据科学不仅完成分析，而且涉及整个端到端的生命周期，数据系统本质上是用于研发真实世界理解模型的科学设备。这就表明必须深刻理解数据的来源、数据转换的适用性和准确性、转换算法和过程之间的相互作用，以及数据存储机制。这个端到端概览的角色能够确保所有事务都能够正确执行，从而探索数据、创建并验证各项科学假设。

二、数据科学的主要内容

数据科学的主要内容包括基础理论和数据预处理、数据计算、数据管理等。其中，基础理论包括概念、理论、方法、技术和工具等。数据科学的理论基础是统计学、机器学习、数据可视化及某一领域实务知识与经验等（如图 1-1 所示）。数据科学学科建立，需要完成知识结构、课程设置和专业设置等学科体系建设，探讨数据科学与自然科学和社会科学之间的关系，以及数据科学与计算机

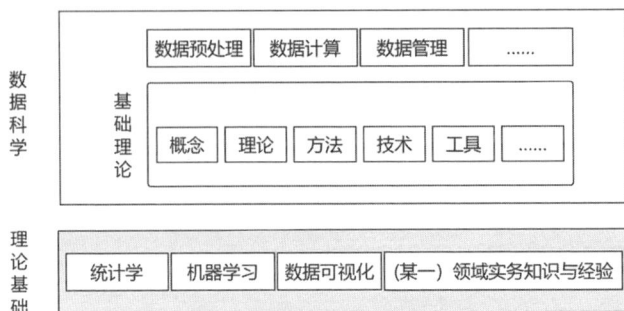

图 1-1　数据科学的内容

科学和信息科学之间的关系等。

（一）基础理论

观察和逻辑推理是科学的基础，数据科学中主要采用观察与数据推理的理论和方法，包括数据的存在性、数据测度、时间、数据代数、数据分类、数据相似性与簇论等。

（二）实验方法与逻辑推理方法

需要建立数据科学的实验方法，提出科学假说和建立理论体系，并通过这些实验方法和理论体系进行数据科学的研究，从而掌握数据的各种类型、状态、属性、变化形式和变化规律，揭示自然界和人类行为的现象和规律。

（三）领域数据学

将数据科学的理论和方法广泛应用，开发出专门的理论、技术和方法，从而形成专门领域的数据科学，例如脑数据学、行为数据学、生物数据学、气象数据学、金融数据学和地理数据学等。

（四）数据资源的开发方法和技术

数据资源是重要的现代战略资源，具有巨大的价值，越来越凸显其重要性，是继石油、煤炭、矿产等传统资源之后的最重要的资源之一。人类的社会、政治和经济都将依赖数据资源，而石油、煤炭、矿产等传统资源的勘探、开采、运输、加工、产品销售等也都依赖数据资源，离开了数据资源，将无法开展与完成这些工作。

其中，理论基础是在数据科学的边界之外。

三、数据科学的研究过程与体系框架

（一）数据科学的研究过程

1. 数据集获取与存储。常用的数据类型有表格、点集、时间序列、图像、视频、网页和网络数据等。获取的数据存于数据库系统中。

2. 数据的预处理。通过数据抽取、清洗、去噪与标准化、约简和集成，获得达到一定质量要求的数据。

3. 数据分析与挖掘。以科学的方法进行数据分析，进而发现整体特性。数据分析的基本假设是观察到的数据都是基于某个模型产生，通过数据分析找出这个模型。数据分析的主要困难是数据维数高，为此，需要降低算法的复杂度和应用分布式计算。通过数据分析与挖掘，发现数据规律。

4. 感知化与可视化数据分析结果。

（二）数据科学的体系框架

数据科学的体系框架如图1-2所示。图1-2的上部分描述了数据的内容，下部分是数据科学基础描述。

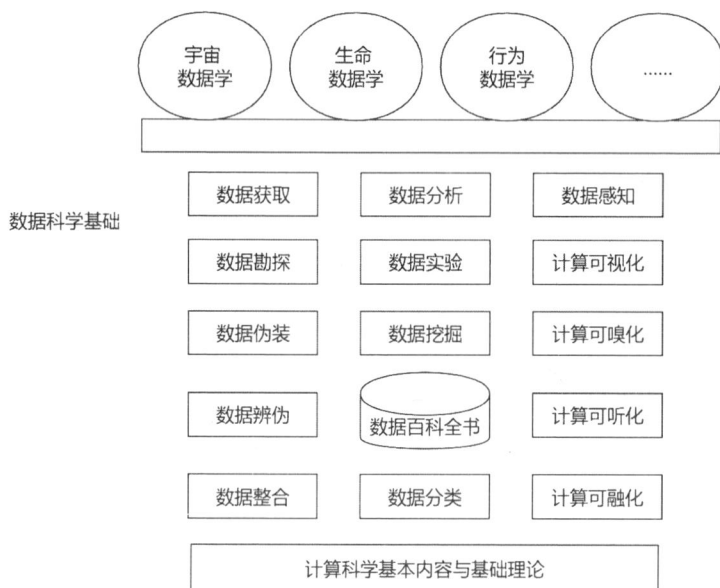

图1-2 数据科学的体系框架

数据科学主要研究从数据中获取信息与知识、认识自然和行为，促进了科学与产业之间关系的发展。

1. 从数据中获取信息与知识

数据科学的研究对象、研究目的与研究方法等不同于计算科学、信息科学。数据存于CYBER空间中，信息是自然界、人类社会及人类思维活动中存在和发生的现象，知识是人们在实践中所获得的认识和经验。数据可以作为信息和知识符号的表示或载体，但数据本身并不是信息或知识。数据科学的研究对象是数据，而不是信息，也不是知识。数据科学通过科学的方法从数据中获取对自然、生命和行为的认识，进而获得重要信息与知识。

2. 通过认识与探索数据来认识自然和行为

自然科学研究自然现象和规律，认识的对象是整个自然界物质的各种类型、状态、属性及运动形式。行为科学是研究自然和社会环境中人的行为以及低级动物行为的科学，已经确认的学科包括心理学、社会学、社会人类学等。数据科学支持自然科学和行为科学的研究。随着数据科学的进展，越来越多的科学研究可以直接针对数据进行，这将使人类通过数据研究科学，进而认识与探索数据来认识自然和行为。

人们生活在现实自然界和数据自然界两个世界中，人、社会和宇宙的历史将变为数据的历史。人类可以通过探索数据自然界来探索自然界，人类还需要探索数据自然界特有的现象和规律，这是数据科学的任务。可以期望与看出，目前的所有的科学研究领域都可能形成相应的数据科学。

数据科学的最终目的不仅要回答若干问题，还要生产数据产品。数据产品能够让其他人也利用上数据，并在此基础上进行数据分析。

3. 促进了科学与产业之间关系的发展

数据科学不仅将给科研和教学体制带来大幅度的变革，也会给科学与产业之间及科学与社会之间的关系带来大幅度的变革。信息时代，万物数化，许多学科已经和信息科技深度融合，形成新的研究领域，如生物信息学、天体信息学、数字地球、计算社会学等。一方面，用数据来研究科学与技术已经是科学研究的主要手段之一；另一方面，大量的、非结构化的数据，同样需要科学的手段研究数据。产业界在生产经营中积累了丰富的数据，学术界则有待于实践检验的模型和算法。数据科学为学术界和产业界的紧密衔接提供了纽带和桥梁，促进了产、学、研的深度融合与协作。

四、数据科学、数据技术与数据工程

科学是对客观世界本质规律的探索与认识，其发展的主要形态是发现，主要手段是研究，主要成果是学术论文与专著。技术是科学与工程之间的桥梁。其发展的主要形态是发明，主要手段是研发，主要成果是专利，也包括论文和专著。工程是科学与技术的应用和归宿，是以创新思想对现实世界发展的新问题进行求解，其主要发展形态是综合集成，主要手段是设计、制造、应用与服务，主要成果是产品、作品、工程实现与产业。科学家的工作是发现，工程师的工作是创造。

（一）数据科学

数据科学是对大数据世界的本质规律进行探索与认识，是基于计算机科学、统计学、信息系统等学科的理论，甚至发展出新的理论。它研究数据从产生与感知到分析与利用整个数据处理周期的本质规律，是一门新兴的学科。

（二）数据技术

数据技术是数据科学与数据工程之间的桥梁，包括数据的采集与感知技术、数据的存储技术、数据的计算与分析技术、数据的可视化技术等。

（三）数据工程

数据工程是数据科学与数据技术的应用，是以创新思想对现实世界的数据问题进行求解，利用工程的观点进行数据管理和分析以及开展系统的研发和应用，包括数据系统的设计、数据的应用、数据的服务等。

数据科学和工程可以作为支撑大数据研究与应用的交叉学科，其理论基础来自多个不同的学科领域，包括计算机科学、统计学、人工智能、信息系统、情报科学等。数据科学与工程学科的目的在于系统深入地探索大数据应用中遇到的各类科学问题、技术问题和工程实现问题，包括数据全生命周期管理、数据管理和分析技术及算法、数据系统基础设施建设，以及大数据应用实施和推广。因此，多学科交叉融合是数据科学与工程学科的一个特点。与传统计算机和软件工程等学科相比，数据科学与工程学科具备独特的学科基础和内涵。数据科学与工程学科的理论基础涉及统计分析、商务智能以及数据处理基础。

数据科学随着计算机应用从以计算为中心逐渐向以数据为中心迁移，数据科学与工程学科的内涵和外延更加宽泛。软件工程学科中的相关技术提供了数据分析处理的工具以及具体开发的范式。数据处理技术是数据研究领域的一种重要的研究方法，用于研究和发现数据本身的现象和规律。

五、大数据问题

大数据是指传统数据处理应用软件不足以处理的大的或复杂的数据集。大数据表达理论方面主要包括大数据的处理周期、演化与传播规律，数据科学与社会学、经济学等之间的互动机制，以及大数据结构与效能的规律性。在大数据计算理论方面，主要研究大数据的表示以及大数据的计算模型及其复杂性；在大数据应用基础理论方面，主要研究大数据与知识发现，大数据环境下的实验与验证方法以及大数据的安全与隐私。

大数据可分成大数据技术、大数据工程和大数据应用等领域。从解决问题角度出发，目前关注最多的是大数据技术和大数据应用。大数据工程指大数据的规划建设、运营管理的系统工程。大数据技术是指从数据采集、清洗、集成、挖掘和分析，进而从各种各样类型的巨量数据中快速获得有价值信息的全过程所使用的技术总称。

任何领域的研究要成为一门科学，一定是研究共性的问题。针对非常狭窄领域的某个具体问题，主要依靠该问题涉及的特殊条件和专门知识做数据挖掘，不大可能使大数据成为一门科学。数据科学的研究需要在一个领域发现的数据相互关系和规律具有可推广到其他领域的普适性。由于抽象出一个领域的共性往往需要较长的时间，所以提炼"数据界"的共性科学问题还需要一段时间的实践积累，以及众多学者合力解决大数据带来的技术挑战。

在大数据人才的需求中，既需要优秀的数据科学家，也需要数据工程师这样的工程型人才，更需要大量高素质的能够创造性解决国民经济与社会发展实际问题的卓越应用型人才。

第二节　大数据的生态环境与基础理论

一、大数据的生态环境

大数据是人类活动的产物，来自人们改造客观世界的过程中，是生产与生活在网络空间的投影。信息爆炸是对信息快速发展的一种逼真的描述，形容信息发展的速度如同爆炸一般席卷整个空间。20 世纪 40—50 年代，信息爆炸主要指的是科学文献的快速增长；到 90 年代，由于计算机和通信技术广泛应用，信息爆炸主要指的是所有社会信息快速增长，包括正式交流过程和非正式交流过程所产生的电子式的和非电子式的信息；21 世纪，信息爆炸是由于数据洪流的产生和发展所造成。在技术方面，新型的硬件与数据中心、分布式计算、云计算、高性能计算、大容量数据存储与处理技术、社会化网络、移动终端设备、多样化的数据采集方式使大数据的产生和记录成为可能。在用户方面，日益人性化的用户界面、信息行为模式等都容易作为数据量化而被记录，用户既可以成为数据的制造者，也可以成为数据的使用者。可以看出，随着云计算、物联网和移动计算的发展，世界上所产生的新数据，包括位置、状态、思考、过程和行动等数据都能够汇入数据洪流。互联网的广泛应用，尤其是"互联网+"的出现，促进了数据洪流的发展。归纳起来，大数据主要来自互联网世界与物理世界。

（一）互联网世界

大数据是计算机和互联网相结合的产物，计算机实现了数据的数字化，互联网实现了数据的网络化，两者结合起来之后，赋予了大数据强大的生命力。随着互联网如同空气、水、电一样无处不在地渗透进人们的工作和生活，以及移动互联网、物联网、可穿戴联网设备的普及，新的数据正在以指数级的加速度产生，目前世界上 90% 的数据是互联网出现之后迅速产生的。来自互联网的网络大数据是指"人、机、物"三元世界在网络空间中交互、融合所产生并在互联网上可获得的大数据，网络大数据的规模和复杂度的增长超出了硬件能力增长的摩尔定律。

大数据来自人类社会，互联网的发展为数据的存储、传输与应用创造了基础与环境。依据基于唯象假设的六度分割理论而建立的社交网络服务，以认识朋友的朋友为基础，扩展自己的人脉。基于 Web 2.0 交互网站建立的社交网络，用户既是网站信息的使用者，也是网站信息的制作者。社交网站记录人们之间的交互，搜索引擎记录人们的搜索行为和搜索结果，电子商务网站记录人们购买商品的喜好，微博网站记录人们所产生的即时的想法和意见，图片视频分享网站记录人们的视觉观察，百科全书网站记录人们对抽象概念的认识，幻灯片分享网站记录人们的各种正式和非正式的演讲发言，机构知识库和开放获取期刊记录学术研究成果等。归纳起来，来自互联网的数据可以划分为下述五种类型。

1. 视频

视频是大数据的主要来源之一。电影、电视节目可以产生大量的视频，各种室内外的视频摄像头昼夜不停地产生巨量的视频。视频以每秒几十帧的速度连续记录运动着的物体，一个小时的标准清晰视频经过压缩后，所需的存储空间为 GB 数量级，高清晰度视频所需的存储空间则更大。

2. 图片与照片

图片与照片也是大数据的主要来源之一。各大社交媒体的用户平均每天上传

10 亿张照片。如果拍摄者为了保存拍摄时的原始文件，平均每张照片大小为 1MB，则这些照片的总数据量就是 140GB×1MB＝140PB，如果单台服务器磁盘容量为 10TB，则存储这些照片需要 14 000 台服务器。而这些上传的照片仅仅是人们拍摄的照片的很少一部分。此外，许多遥感系统一天 24 小时不停地拍摄并产生大量照片。

3. 音频

DVD 光盘采用双声道 16 位采样，采样频率为 44.1kHz，可达到多媒体欣赏水平。如果某音乐剧的长度为 5.5min，那么其占用的存储容量如下所示：

$$存储容量＝（采样频率×采样位数×声道数×时间）/8$$
$$＝（44.1×1000×16×2×5.5×60）/8$$
$$＝12.6MB$$

4. 日志

网络设备、系统及服务程序等在运作时都会产生日志。日志记载着日期、时间、使用者及动作等相关操作的描述。Windows 网络操作系统设有各种各样的日志文件，如应用程序日志、安全日志、系统日志、Scheduler 服务日志、FTP 日志、WWW 日志、DNS 服务器日志等。用户在系统上进行一些操作时，这些日志文件通常记录用户操作的一些相关内容，这些内容对系统安全工作人员相当有用。例如，有人对系统进行了 IPC 探测，系统就会在安全日志中迅速地记下探测者探测时所用的 IP、时间、用户名等；有人对系统进行了 FTP 探测，系统就会在 FTP 日志中记下 IP、时间、探测所用的用户名等。

网站日志记录了用户对网站的访问，电信日志记录了用户拨打和接听电话的信息。假设有 5 亿用户，每个用户每天呼入呼出 10 次，每条日志占用 400B，并且需要保存 5 年，则一年的数据总量为 5×10×365×400×5B＝3.65PB。

5. 网页

网页是构成网站的基本元素，是承载各种网站应用的平台。通俗地说，网站是由网页组成的。如果只有域名和虚拟主机而没有制作任何网页，那么用户无法访问网站。网页是一个文件，需要通过网页浏览器来阅读。文字与图片是构成一个网页的两个最基本的元素。可以简单地理解为：文字就是网页的内容，图片就是网页的美观描述。除此之外，网页的元素还包括动画、音乐、程序等。

网页分为静态网页和动态网页。静态网页的内容是预先确定的，并存储在

Web 服务器或者本地计算机/服务器之上；动态网页取决于用户提供的参数，并根据存储在数据库中的网站上的数据创建页面。静态网页是照片，每个人看都是一样的；动态网页则是镜子，不同的人看有所不同。

网页中的主要元素有感知信息、互动媒体和内部信息等。感知信息主要包括文本、图像、动画、声音、视频、表格、导航栏、交互式表单等。互动媒体主要包括交互式文本、互动插图、按钮、超链接等。内部信息主要包括注释、通过超链接链接到某文件、元数据与语义的元信息、字符集信息、文件类型描述、样式信息和脚本等。

网页内容丰富，数据量巨大。如果每个网页有 25kB 数据，则 1 万亿个网页的数据总量为 25PB。

（二）物理世界

来自物理世界的大数据又称科学大数据。科学大数据主要是指来自大型国际实验，以及跨实验室、单一实验室或个人观察实验所得到的科学实验数据或传感数据。最早提出大数据概念的学科是天文学和基因学，这两个学科从诞生之日起就依赖基于海量数据的分析方法。由于科学实验是科技人员设计的，数据采集和数据处理也是事先设计，所以不管是检索还是模式识别，都有科学规律可循。例如希格斯粒子的寻找，采用了大型强子对撞机实验。这是一个典型的基于大数据的科学实验，至少要在 1 万亿个事例中才可能找出一个希格斯粒子。从这一实验可以看出，科学实验的大数据处理是整个实验的一个预定步骤，这是一个有规律的设计，发现有价值的信息可在预料之中。大型强子对撞机每秒生成数据量约为 1PB。建设中的下一代巨型射电望远镜阵每天生成的数据约为 1EB。波音发动机上的传感器每小时产生 20TB 左右的数据。

随着科研人员获取数据方法与手段的变化，科研活动产生的数据量激增，科学研究已成为数据密集型活动。科研数据因其数据规模大、类型复杂多样、分析处理方法复杂等特征，已成为大数据的一个典型代表。大数据所带来的新的科学研究方法反映了未来科学的行为研究方式，数据密集型科学研究将成为科学研究的普遍范式。

利用互联网可以将所有的科学大数据与文献联系在一起，创建一个文献与数据能够交互操作的系统，即在线科学数据系统。

对于在线科学数据，由于各个领域互相交叉，所以不可避免地需要使用其他领域的数据。利用互联网能够将所有文献与数据集成在一起，可以实现从文献计算到数据。这样可以提高科技信息的传播速度，进而大幅度地提高生产力。也就是说，在阅读某人的论文时，可以查看原始数据，甚至可以重新分析，也可以在查看某一些数据时查看所有关于这一数据的文献。

二、大数据的概念

大数据是指数据规模大，尤其是数据形式多样性、非结构化特征明显，导致数据存储、处理和挖掘异常困难的那类数据集。大数据的增长快速，类型繁多，如文本、图像和视频等。大数据处理包含数千万个文档、数百万张照片或者工程设计图的数据集，如何快速访问数据成为核心挑战。无法用常规的软件工具捕捉与处理。

通常将大数据的特点归纳为 5 个 V：Volume（数据容量）、Variety（数据类型）、Value（价值密度）、Velocity（速度）、Veracity（真实性）。

（一）数据容量

Volume 代表数据量巨大。存储容量单位的定义如表 1-1 所示。

表 1-1　存储容量单位的定义

单位	定义	字节数（二进制）	字节数（十进制）
KiloByte（千字节）	1024Byte	2^{10}	10^3
MegaByte（兆字节）	1024KiloByte	2^{20}	10^6
GigaByte（吉字节）	1024MegaByte	2^{30}	10^9
TeraByte（太字节）	1024GigaByte	2^{40}	10^{12}
PetaByte（拍字节）	1024TeraByte	2^{50}	10^{15}
ExaByte（艾字节）	1024PetaByte	2^{60}	10^{18}
ZettaByte（泽字节）	1024ExaByte	2^{70}	10^{21}
YottaByte（尧字节）	1024ZettaByte	2^{80}	10^{24}

一般说来，超大规模数据是处在 GB（即 10^9）级的数据，海量数据是指 TB（即 10^{12}）级的数据，而大数据则是指 PB（即 10^{15}）级及其以上的数据。可以想象，随着存储设备容量的增大，存储数据量的增多，大数据的容量指标是动态增加的，也就是说还会增大。

（二）数据类型

Variety 代表数据类型繁多，由于大数据主要来源于互联网，所以大数据包含多种数据类型。例如，各种声音和电影文件、图像、文档、地理定位数据、网络日志、文本字符串文件、元数据、网页、电子邮件、社交媒体供稿、表格数据等。其中，视频、图片和照片、日志为非结构化数据，网页为半结构化数据。

（三）价值密度

Value 代表价值密度。通过对大数据获取、存储、抽取、清洗、集成、挖掘与分析来获得价值。大数据价值密度低，大概 80% 甚至 90% 的数据都是无效数据。以视频为例，连续不间断监控过程中，可能有用的数据仅仅有一两秒，难以进行预测分析、运营智能、决策支持等计算。通常利用价值密度比来描述这一特点，价值密度的高低与数据总量大小成反比，总量越大，无效冗余的数据越多。随着物联网的广泛应用，信息感知无处不在，信息海量，如何通过强大的计算机算法迅速地完成数据的价值提纯，是亟待解决的难题。

（四）速度

Velocity 代表大数据产生的速度快、变化的速度快。Facebook 每天产生 25 亿个以上条目，每天增加数据超过 500TB，这样的变化率产生的数据需要快速处理，进而创造出价值。传统技术不能完成大数据高速存储、管理和使用，因此需要研究新的方法与技术。如果数据创建和聚合速度非常快，就必须使用迅速的方式来揭示其相关的模式和问题。发现问题的速度越快，越有利于从大数据分析中获得更多的机会与结果。

（五）真实性

Viracity 代表数据真实性。真实性是指数据是所标识的数据，而不是假冒的。准确性是真实性的描述，不真实的数据需要进行清洗、集成和整合，获得高质量的数据，再进行分析。也就是说，采集来的大数据不能保证完全真实性，但是，大数据分析需要真实的数据。越真实的数据，数据质量越高，分析的效果越好。

三、大数据的性质

从大数据的定义中可以看出，大数据具有规模大、种类多、速度快、价值密度低和真实性差等特点，在数据增长、分布和处理等方面具有更多复杂的性质。

（一）非结构性

结构化数据是可以在结构数据库中存储与管理，并可用二维表来表达实现的数据。这类数据先定义结构，然后才有数据。结构化数据在大数据中所占比例较小，只占15%左右，现已应用广泛。当前的数据库系统以关系数据库系统为主导，例如银行财务系统、股票与证券系统、信用卡系统等。

非结构化数据是指在获得数据之前无法预知其结构的数据。目前所获得的数据85%以上是非结构化数据，而不再是纯粹的结构化数据。

传统的系统对这些数据无法进行处理，从应用角度来看，非结构化数据的计算是计算机科学的前沿。大数据的高度异构也导致抽取语义信息的困难。如何将数据组织成为合理的结构是大数据管理中的一个重要问题。

半结构化数据具有一定的结构。这样的数据与结构化数据、非结构化数据都不一样，半结构化数据是结构变化很大的结构化的数据。因为需要了解数据的细节，所以不能将数据简单地组织成一个文件按照非结构化数据处理；由于结构变化很大，所以也不能够简单地建立一个表和它对应。

例如，存储员工的简历。不像员工基本信息那样一致，每个员工的简历大不相同。有的员工的简历很简单，如只包括教育情况；有的员工的简历却很复杂，如包括工作情况、婚姻情况、出入境情况、户口迁移情况、技术技能等。还有可能有一些没有预料的信息。通常要完整地保存这些信息并不是很容易，因为不希望系统中表的结构在系统运行期间进行变更。

结构化数据、非结构化数据、半结构化数据的比较如表1-2所示。

表1-2 结构化数据、非结构化数据、半结构化数据的比较

对比项	结构化数据	非结构化数据	半结构化数据
定义	具有数据结构描述信息的数据	不方便用固定结构来表现的数据	处于结构化数据和非结构化数据之间的数据
结构与内容的关系	先有结构，再有数据	只有数据，无结构	先有数据，再有结构
示例	各类表格	图形、图像、音频、视频信息	HTML 文档，它一般是自描述的，数据的内容与结构混在一起

大数据激励了大量研究问题出现。非结构化和半结构化数据的个体表现、一般性特征和基本原理尚不清晰，需要通过包括数学、经济学、社会学、计算机科

学和管理科学在内的多学科交叉研究。对于半结构化或非结构化数据，例如图像，需要研究如何将它转化成多维数据表、面向对象的数据模型或者直接基于图像的数据模型。大数据的每一种表示形式都仅呈现数据本身的一个侧面，而非其全貌。

由于现存的计算机科学与技术架构和路线已经无法高效处理大数据，如何将大数据转化成一个结构化的格式是一项重大挑战，如何将数据组织成合理的结构也是大数据管理中的一个重要问题。

（二）不完备性

数据的不完备性是指在大数据条件下所获取的数据常常包含一些不完整的信息和错误的数据，即脏数据。在数据分析阶段之前，需要进行抽取、清洗、集成，进而得到高质量的数据之后，再进行挖掘和分析。

（三）时效性

数据规模越大，分析处理时间就会越长，所以高速度进行大数据处理非常重要。如果设计一个专门处理固定大小数据量的数据系统，其处理速度可能会非常快，但并不能适应大数据的要求。因为在许多情况下，用户要求立即得到数据的分析结果，需要在处理速度与规模的折中考虑中寻求新的方法。

（四）安全性

大数据高度依赖数据存储与共享，必须考虑寻找更好的方法来消除各种隐患与漏洞，才能有效地管控安全风险。数据的隐私保护是大数据分析和处理的一个重要问题，对个人数据使用不当，尤其是有一定关联的多组数据泄露，将导致用户的隐私泄露。因此，大数据安全性问题是一个重要的研究方向。

（五）可靠性

可以通过数据清洗、去冗等技术来提取有价值数据，实现数据质量高效管理，以及对数据的安全访问和隐私保护，这已成为大数据可靠性的关键需求。因此，针对互联网大规模真实运行数据的高效处理和持续服务需求，以及出现的数据异质异构、非结构乃至不可信的特征，数据的表示、处理和质量已经成为互联网环境中大数据管理和处理的重要问题。

第三节 大数据处理周期与科学研究范式

一、大数据处理周期

（一）大数据处理全过程

全球数据规模急剧扩大，超过当前计算机存储与处理能力，不仅数据处理规模巨大，而且数据处理需求多样化。因此，数据处理能力成为核心竞争力。数据处理需要将多学科结合，需要研究新型数据处理的科学方法，以便在数据多样性和不确定性前提下进行数据规律和统计特征的研究。ETL［Extract Transform Load，用来描述将数据从来源端经过抽取（extract）、转换（transform）、加载（load）至目的端的过程］工具负责将分布的异构数据源中的数据，如关系数据、平面数据文件等抽取到临时中间层后进行清洗、转换、集成，最后加载到数据仓库或数据集市中，成为联机分析处理、数据挖掘的基础。

一般来说，大数据处理的过程可以概括为 5 个步骤：数据获取与存储管理、数据抽取与清洗、数据约简与集成、数据分析与挖掘、结果解释。其技术框架如图 1-3 所示。

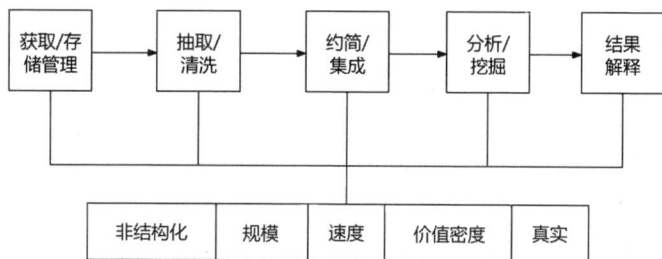

图 1-3 大数据技术框架

通过上述 5 个步骤（又称大数据生存周期）可以将获取的数据转换为有价值的信息，在每个阶段都需要应对大数据的 5V 特征。

1. 数据获取与存储管理

大数据的获取与存储管理是指利用各种数据库接收发自 Web、App 或者传感器等客户端的数据，并且用户可以通过这些数据库来进行简单的查询和处理工作。在大数据的获取过程中，其主要特点是并发率高，数据量巨大，因为可能有成千上万的用户同时访问和操作数据库系统。

2. 数据抽取与清洗

虽然在数据获取端设置了大量的数据库系统，但是如果要对这些数据进行有效的分析，还是应该将这些来自前端的数据抽取到一个大型分布式数据库中，或者分布式存储集群中，并且可以在抽取基础上完成数据清洗等一系列预处理工作。也有一些用户在抽取时使用流式计算工具对数据进行流式计算，来满足部分业务的实时计算需求。大数据抽取与清洗过程的主要特点是抽取的数据量大，每秒钟的抽取数据量可达到百兆数量级，甚至千兆数量级。

3. 数据约简与集成

数据约简技术是寻找依赖发现目标数据的有用特征，以缩减数据规模，从而在尽可能保持数据原貌的前提下，最大限度地精简数据量。数据集成技术的任务是将相互关联的分布式异构数据源集成，使用户能够以完全透明的方式进行访问。在这里，集成需要维护数据源整体数据一致性，提高信息共享利用的效率。透明方式是指用户不必关心如何对异构数据源的访问，只关心用何种方式访问何种数据库即可。

前三步称为预处理过程，通过预处理过程，可以获得高质量的低冗余大数据，进而为分析与挖掘奠定基础。预处理过程涉及的技术与工具较多，工作量巨大，一般来说，预处理过程可占到全过程70%左右的工作量。

4. 数据分析与挖掘

可以利用分布式计算集群来对存储其内的大数据进行分析，以满足大多数常见的分析需求。分析方法主要包括假设检验、显著性检验、差异分析、相关分析、t检验、方差分析、偏相关分析、距离分析、回归分析、简单回归分析、多元回归分析、逐步回归、回归预测与残差分析、曲线估计、因子分析、聚类分析、主成分分析、因子分析、判别分析、对应分析、多元对应分析等。

数据挖掘完成的是高级数据分析的需求，一般没有预先设定的主题，主要是在现有数据上进行基于各种算法的计算，起到预测的效果。数据挖掘主要进行分类、估计、预测、相关性分组或关联规则、聚类、描述和可视化、复杂数据类型挖掘等工作。比较典型的算法有k-Means聚类算法、深度学习算法、SVM统计学习算法和朴素贝叶斯分类算法。该过程的主要特点是挖掘的算法复杂，并且计算所涉及的数据量和计算量大。

数据挖掘选择主要有两个考虑因素：一是不同的数据有不同的特点，因此需要用与之相关的算法来挖掘；二是用户或实际运行系统的要求，例如，有的用户希望获取描述型的、容易理解的知识，而有的用户只是希望获取预测准确度尽可能高的预测型知识，并不在意获取的知识是否易于理解。

数据挖掘阶段的使用模式，经过评估，可能存在冗余或无关的模式，这时需要将其删除；也有可能模式不满足用户要求，这时则需要将整个发现过程回退到前续阶段，如重新选取数据、采用新的数据变换方法、设定新的参数值，甚至更换算法等。

5. 结果解释

由于知识发现最终是面向人类用户，因此，需要对发现的模式进行可视化，或者把结果转换为用户易于理解的表示。也就是说，仅能够分析大数据，但无法使得用户理解分析的结果，这样的结果价值不大。如果用户无法理解分析，那么需要决策者对数据分析结果进行解释。解释通常包括检查所提出的假设并对分析过程进行追踪，采用可视化模型展现大数据分析结果，例如利用云计算、标签云、关系图等呈现。知识评估阶段是知识发现的一个重要环节，不仅需要将数据分析系统发现的结果以用户能了解的方式呈现，而且需要进行知识评价。如果没有达到用户的目标，则需要返回前面相应的步骤进行螺旋式处理，以最终获得满意的结果。

（二）大数据技术的特征

1. 分析全面的数据而非随机抽样

在大数据出现之前，由于缺乏获取全体样本的手段和可能性，针对小样本提出了随机抽样的方法，在理论上，越随机抽取样本，越能代表整体样本，但是获取随机样本的代价极高，而且费时。出现数据仓库和云计算之后，获取足够大的样本数据及获取全体数据变得更为容易并成为可能。所有的数据都在数据仓库中，完全不需要以抽样的方式调查这些数据。获取大数据本身并不是目的，能用小数据解决的问题绝不要故意增大数据量。当年开普勒发现行星三大定律、牛顿发现力学三大定律都是基于小数据。从通过小数据获取知识的案例中得到启发，人脑具有强大的抽象能力，例如2~3岁的小孩看少量图片就能正确区分马与狗、汽车与火车，似乎人类具有与生俱来的知识抽象能力。从少量数据中如何高效抽取概念和知识是值得深入研究的方向。至少应明白解决某类问题，多大的数据量是合适的，不要盲目追求超额的数据。数据无处不在，但许多数据是重复的或者是没有价值的。未来的主要任务不是获取越来越多的数据，而是数据的去冗分类、去粗取精，从数据中挖掘知识，获得价值。

2. 重视数据的复杂性，弱化精确性

对小数据而言，最基本和最重要的要求就是减少错误、保证质量。由于收集的数据少，所以必须保证记录下来的数据尽量准确。例如，使用抽样的方法，需要在具体的运算上非常精确，从一个1亿人的总样本中随机抽取1 000人，如果在1 000人上的运算出现错误，那么放大到1亿人中将会放大偏差；但在全体样本上，产生多少偏差就为多少偏差，不会被放大。

精确的计算是以时间消耗为代价的。在小数据情况下，追求精确是为了避免放大偏差而不得已为之；但在样本等于总体大数据的情况下，快速获得一个大概的轮廓和发展趋势比严格的精确性重要得多。

大数据的简单算法比小数据更有效，大数据不再期待精确性，也无法实现精确性。

3. 关注数据的相关性，而非因果关系

相关性表明变量A与变量B有关，或者说变量A的变化与变量B的变化之间存在一定的比例关系，但在这里的相关性并不一定是因果关系。

亚马逊的推荐算法指出，可以根据消费记录来告诉用户他可能喜欢什么，这些消费记录有可能是别人的，也有可能是该用户历史的，并不能说明喜欢的原因。不能说都喜欢购买A和B，就存在购买A之后的结果是购买B，这是一个或然的事情，但其相关性高，或者说概率大。大数据技术只知道是什么，而无须知道为什么，就像亚马逊的推荐算法指出的那样，知道喜欢A的人很可能喜欢B，但不知道其中的原因。知道是什么就足够了，没有必要知道为什么。在大数据背景下，通过相互关系就可以比以前更容易、更快捷、更清楚地进行分析，找到一个现象的关系物。系统相互依赖的是相互关系，而不是因果关系。相互关系可以告诉的是将发生什么，而不是为什么发生，这正是这个系统的价值。大数据的相互关系分析更准确、更快，而且不易受到偏见的影响。建立相互关系分析法的预测是大数据的核心。完成相互关系分析之后，当又不满足于仅仅知道为什么时，可以再继续研究因果关系，找出为什么。

4. 学习算法复杂度

一般MgN、N^2级的学习算法复杂度可以接受，但面对PB级以上的海量数

据，MgN、N^2级的学习算法就难以接受，处理大数据需要更简单的人工智能算法和新的问题求解方法。普遍认为，大数据研究不只是几种方法的集成，而是应该具有不同于统计学和人工智能的本质内涵。大数据研究是一种交叉科学研究，应体现其交叉学科的特点。

（三）大数据的一些热点技术

大数据来源非常丰富，且数据类型多样，存储和分析挖掘的数据量庞大，对数据展现的要求较高，重视高效性和可用性。

1. 非结构化和半结构化数据处理

如何处理非结构化和半结构化数据是一项重要的研究课题。如果把通过数据挖掘提取粗糙知识的过程称为一次挖掘过程，那么将粗糙知识与被量化后的主观知识，包括具体的经验、常识、本能、情境知识和用户偏好结合起来而产生智能知识过程就称为二次挖掘。从一次挖掘到二次挖掘是量到质的飞跃。

由于大数据所具有的半结构化和非结构化特点，基于大数据的数据挖掘所产生的结构化的粗糙知识（潜在模式）也伴有一些新的特征。这些结构化的粗糙知识可以被主观知识加工处理并转化，生成半结构化和非结构化的智能知识。寻求智能知识反映了大数据研究的核心价值。

2. 大数据复杂性与系统建模

大数据复杂性、不确定性特征描述的方法及大数据的系统建模这一问题的突破是实现大数据知识发现的前提和关键。从长远角度来看，依照大数据的个体复杂性和随机性所带来的挑战将促使大数据数学结构的形成，从而导致大数据统一理论的完备。从近期角度来看，宜发展一种一般性的结构化数据和半结构化、非结构化数据之间的转化原则，以支持大数据的交叉应用。管理科学，尤其是基于最优化的理论将在发展大数据知识发现的一般性方法和规律性中发挥重要的作用。

现实世界中的大数据处理问题复杂多样，难以有一种单一的计算模式能涵盖所有不同的大数据计算需求。研究和实际应用中发现，MapReduce 主要适合于进行大数据离线批处理方式，不适应面向低延迟、具有复杂数据关系和复杂计算的大数据处理；Storm 平台适合于在线流式大数据处理。

大数据的复杂形式导致许多对粗糙知识的度量和评估相关的研究问题。已知的最优化、数据包络分析、期望理论、管理科学中的效用理论可以被应用到研究如何将主观知识融合到数据挖掘产生的粗糙知识的二次挖掘过程中，人机交互将起到至关重要的作用。

3. 大数据异构性与决策异构性影响知识发现

由于大数据本身的复杂性，传统的数据挖掘理论和技术已不适应大数据知识发现。在大数据环境下，管理决策面临着两个异构性问题，即数据异构性和决策异构性问题。决策结构的变化要求人们去探讨如何为支持更高层次的决策去做二次挖掘。无论大数据带来了何种数据异构性，大数据中的粗糙知识仍可被看作一次挖掘的范畴。通过寻找二次挖掘产生的智能知识作为数据异构性和决策异构性之间的连接桥梁。

寻找大数据的科学模式将带来对大数据研究的一般性方法的探究，如果能够找到将非结构化、半结构化数据转化成结构化数据的方法，已知的数据挖掘方法将成为大数据挖掘的工具。

4. 流处理

随着业务流程的复杂化，大数据趋势日益明显，流处理已成为重要的处理技术。应用流处理可以完成实时处理，能够处理随时发生的数据流的架构。

例如，计算一组数据的平均值，可以使用传统的方法实现。但对于移动数据平均值的计算，不论是到达、增长还是一个又一个的单元，需要更高效的算法。如果想创建的是一个数据流统计集，那么需要对此逐步添加或移除数据块，进行移动平均计算。

5. 并行化

小数据的情形类似于桌面环境，磁盘存储能力在 1~10GB；中数据的数据量在 100GB~1TB；大数据分布式的存储在多台机器上，包含 1TB 到多个 PB 的数据。如果在分布式数据环境中工作，并且需要在很短的时间内处理数据，那么就需要分布式处理。

6. 摘要索引

摘要索引是一个对数据创建预计算摘要以加速查询运行的过程。摘要索引的问题是必须为要执行的查询做好计划。数据增长飞速，对摘要索引的要求永不会停止，不论是基于长期还是短期考虑，都必须对摘要索引的制定有一个确定的策略。

7. 可视化

数据可视化包括科学可视化和信息可视化。可视化工具是实现可视化的重要基础，可视化工具有两大类：

（1）探索性可视化描述工具可以帮助决策者和分析师挖掘不同数据之间的联系，这是一种可视化的洞察力。

（2）叙事可视化工具可以独特的方式探索数据。例如，如果需要以可视化的方式在一个时间序列中按照地域查看一个企业的销售业绩，将预先创建可视化格式，然后可使数据按照地域逐月展示，并根据预定义的公式排序。

二、科学研究范式

科学问题是指一定时代的科学认识主体，在已完成的科学知识与科学实践的基础之上，提出的有可能解决的问题，包括求解目标和应答领域。科学发展的历史就是一个不断提出科学问题和不断解决科学问题的过程。科学问题是技术问题的集合，技术问题是科学问题的子集。科学问题具有时代性、混沌性、可解决性、可变异性和可待解性等特征，科学问题方法论具有裂变作用、聚变作用与激励作用。研究科学问题的方法论异常重要。

（一）科学研究范式的产生与发展

人类对外部世界的认识已达到令人惊叹的高度，在宏观上远及亿万光年的宇宙，在微观上已达层子/夸克世界。从宏观到微观、从自然到社会的观察、感知、计算、仿真、模拟、传播等活动，产生出大数据。科学家不仅通过对广泛的数据实时、动态地监测与分析来解决难以解决或不可触及的科学问题，更是把数据作为科学研究的对象和工具，基于数据来思考、设计和实施科学研究。数据不再仅仅是科学研究的结果，而是变成科学研究的活动基础。研究者不仅关心数据建模、描述、组织、保存、访问、分析、复用和建立科学数据基础设施，更关心如何利用泛在网络及其内在的交互性、开放性，利用大数据的可知识对象化、可计算化，构造基于数据的、开放协同的研究与创新模式，进而诞生了数据密集型的知识发现的科学研究第四范式。数据科学家也由此成为第四范式的实际践行者。

科学范式是科学发现的理论基础和实践的规范，是科学工作者共同遵循的普适的世界观和行为方式。范式代表了人类思维的方式和根基，也是科学知识交流时共同遵守的法则。范式是一种公认的模型或模式，范式的本质是理论体系。范式的演变是科学研究的方法及观念的替代过程，科学的发展不是靠知识的积累而是靠范式的转换来完成，新范式形成表明建立起了常规科学。库恩的模型描述了一种科学的图景：一组观念成为特定科学领域的主流和共识，创造了一种关于这个领域的观念，进而拥有了自我发展的动力和对这个领域发展的控制力。它代表了对观察到的现象的合理解释，这种观念或范式从渐进发展的机制中获得启发和动力，同时被科学家逐渐完善。当现有范式无法解释观察到的现象，或者实验最终证明范式是错误的时，那么范式失败，转变范式的机会也就随之到来。大数据的出现是科学研究第四范式出现的导火索。存储、处理、分析大数据的能力是科学必须适应的新事实，数据是这个新范式的核心，它与实验、理论、模拟共同成为现代科学方法的统一体。在科学发展的历史长河中，人类先后经历了实验、理论和计算模拟的三个科学研究范式。前三种范式对科学与技术的发展做出了巨大的贡献，并已成功地将科学的发展引领至今天的辉煌，而且模拟仍处于现代科学的核心。毫无疑问，基于现有的范式与技术，科学研究还将获得增量进展，但已经不能在一些领域进一步发挥有效的作用。如果需要更重大的突破，就需要新的方法，需要开创新范式，正是在这样的情况下，第四范式应运而生。

大数据科学将给科学家带来技术挑战，IT 技术和计算机科学将在推动未来科学发现中发挥重要作用。

（二）数据密集型科学研究第四范式

图灵奖获得者、美国计算机科学家詹姆斯·尼古拉斯·吉姆·格雷（James Nicholas Jim Gray）在计算机科学与电信委员会上的最后一次演讲中描绘了关于科学研究第四范式的愿景。这个范式成为由实验、理论与模拟所主宰的早期历史阶段的自然延伸。

如果采用传统的第一、第二、第三范式的研究方法来直接研究密集型数据本身已经无法进行模拟推演，无法通过主流软件工具在合理的时间内抽取、处理、管理并整合成为具有积极价值的服务信息。正是在这样的环境下，提出了科学研究第四范式，该范式以数据考察为基础，是集理论、实验和模拟于一体的数据密集计算的范式，数据被捕获或者由模拟器生成，利用软件处理，信息和知识存储在计算机中，科学家使用数据管理和统计学方法分析数据。

1. 数据密集型计算

数据量的急剧增长以及对在线处理数据能力要求的不断提高，使海量数据的处理问题日益受到关注。源于自然观测、工业生产、产品信息、商业销售、行政管理和客户记录等海量数据在信息系统中所扮演的角色正在从"被管理者"向各类应用的核心转变，并已经成为企业和机构最有价值的资产之一。其典型特点是海量、异构、半结构化或非结构化。通过网络提供基于海量数据的各类互联网服务或信息服务，是信息社会发展的趋势。这一趋势为业界和学术界提出了新的技术和研究问题。这类新型服务的重要特征之一是它们都是基于海量数据处理的。在这种背景下，数据密集型计算作为新型服务的支撑技术引起广泛关注。

（1）数据密集型计算的特点

数据密集型计算是指能推动前沿技术发展的对海量和高速变化的数据的获取、管理、分析和理解。数据密集型计算具有下述特点。

①其处理的对象是数据，是围绕数据展开的计算。需要处理的数据量巨大，且变化快，是分布的、异构的，因此传统的数据库管理系统不能满足其需求。

②计算的含义是从数据获取到管理再到分析、理解的整个过程，因此，数据密集型计算既不同于数据检索和数据库查询，也不同于传统的科学计算和高性能计算，是高性能计算与数据分析和挖掘的结合。

③其目的是推动技术发展，目标是依赖传统的单一数据源和准静态数据库所无法实现的应用。

（2）数据密集型计算的典型应用

①万维网应用。无论是传统的搜索引擎还是新兴的 Web 2.0 应用，都是以海量数据为基础，以数据处理为核心的互联网服务系统。为支持这些应用，系统需要存储、索引、备份海量异构的万维网（Web）页面、用户访问日志以及用户信息，并且还要保证能快速准确地访问这些数据。这需要数据密集型计算系统的支持，因此 Web 应用成为数据密集型计算的发源地。

②软件即服务应用。软件即服务通过提供公开的软件服务接口，使用户能够在公共平台上得到订制的软件功能，节省软硬件平台的购买和维护费用，也为应用和服务整合提供了可能。由于用户的各类应用所涉及的数据具有海量、异构和动态等特性，因此有效地管理和整合这些数据，并在保证数据安全和隐私的前提下提供数据融合和互操作功能，需要数据密集型计算系统的支持。

③大型企业的商务智能应用。大型企业地理上往往是跨区域分布的，互联网为其提供了统一管理和全局决策的平台。实现企业商务智能需要整合生产、销售、供应、服务、人事和财务等一系列子系统。数据是整合的对象之一，更是实

现商务智能的基础。由于这些子系统中的数据包括产品设计、生产过程、计划、客户、订单以及售前后服务等，类型多样，数量巨大，结构复杂和异构，因此数据密集型计算系统是实现跨区域企业商务智能的支撑技术。

（3）数据管理

数据密集型计算系统中的数据管理问题是核心问题。其与传统的数据管理问题相比，在应用环境、数据规模和应用需求等方面有本质区别。

数据密集型计算处理的是海量、快速变化、分布和异构的数据，数据量一般是 TB 甚至是 PB 级的，因此传统的数据存储和索引技术不再适用。地理上的分散性、模型和表示方式的异构性给数据的获取和集成带来了困难。数据的快速变化特性要求处理必须及时，而传统的针对静态数据库或者数据快照的数据管理技术已无能为力。

数据密集型计算中计算的含义是多元的。它既包括搜索、查询等传统的数据处理，也包括分析和理解等智能处理。数据密集型计算所需要的数据分析和理解不仅是单一的数据分析或挖掘算法，而且这些算法必须能够在海量、分布和异构数据管理平台上高效地实现。数据特性决定了不可能为每一个数据分析和理解任务从存储和索引开始开发新的算法。因此，数据密集计算需要的是与存储和管理平台紧密结合的、具有高度灵活性和订制能力的、易用的数据搜索、查询和分析工具。使用这一工具，用户可以构造复杂的数据分析甚至理解应用。由于数据密集型计算要求在海量存储和高性能计算平台上实现，因此数据密集型计算通常无法在本地提供服务。有效方式是以 Web 服务方式提供应用接口。用户的要求可能包括从数据获取到预处理再到数据的分析、处理的整个过程，可能涉及复杂的流程。因此，数据密集型计算应用的服务接口必须提供整体流程的描述功能，并提供良好的客户机与服务器之间的基于 Web 服务的交互功能。

2. 格雷法则

数据密集型科学计算由三个基本活动组成：数据的采集、管理与分析。

对于大型科学数据集的大数据工程，吉姆·格雷制定了非正式法则或规则，具体如下：

（1）科学计算日益呈现数据密集型

科学数据的爆炸式增长对前沿科学的研究带来了巨大挑战，数据的增长已经超过数十亿字节，因此对大数据的采集、管理与分析是新的挑战。计算平台的 I/O 性能限制了观测数据集的分析与高性能的数值模拟，当数据集超出系统随机存储器的能力时，多层高速缓存的本地化将不再发挥作用，仅有很少的高端平台能提供足够快的 I/O 子系统。

高性能、可扩展的数值计算也对算法提出了挑战，传统的数值分析包只能在适合 RAM 的数据集上运行。为了进行大数据的分析，需要对问题进行分解，通过解决小问题获得大问题解决的还原论方法是一种重要方法。

（2）解决方案为横向扩展的体系结构

对网络存储系统进行扩容并将它们连接到计算结点群中并不能解决问题，因为网络的增长速度不足以应对必要存储逐年倍增的速度。横向扩展的解决方案提倡采用简单的结构单元，在这些结构单元中，数据被本地连接的存储结点所分割，这些较小的结构单元使得 CPU、磁盘和网络之间的平衡性增强。格雷提出了网络砖块的概念，使得每一个磁盘都有自己的 CPU 和网络。尽管这类系统的结点数将远大于传统的纵向扩展体系结构中的结点数，但每一个结点的简易性、低成本和总体性能足以补偿额外的复杂性。

（3）将计算用于数据而不是将数据用于计算

大多数数据分析以分级步骤进行。首先对数据子集进行抽取，通过过滤某些属性或抽取数据列的垂直子集完成，然后以某种方式转换成聚合数据。

近年来，MapReduce 已经成为分布式数据分析和计算的普遍范式，其原理类似于分布式分组和聚合的能力。根据这一原理构造的 Hadoop 开源软件已成为目前大数据处理的最好工具，Hadoop 技术成为推动大数据安全计划的引擎。企业使用 Hadoop 技术收集、共享和分析来自网络的大量结构化、半结构化和非结构化数据。

Hadoop 是一个开源框架，它实现了 MapReduce 算法，用以查询在互联网上的分布数据。在 MapReduce 算法中，Map（映射）的功能是将查询操作和数据集分解成组件，Reduce 的功能是在查询中映射的组件可以被同时处理（即约简），从而可以快速地返回结果。

Hadoop 具有方便、健壮、可扩展、简单等一系列特性。Hadoop 处理数据是以数据为中心，而不是传统的以程序为中心。在处理数据密集型任务时，由于数据规模太大，数据迁移变得十分困难，Hadoop 强调把程序向数据迁移。也就是说，以计算为中心转变为以数据为中心。

（4）20个询问规则和长尾理论

①20个询问规则。20个询问规则是一个设计步骤的别称，这一步骤是专门领域科学家与数据库设计者可以对话，填补科学领域使用的动词与名词之间，以及数据库中存储的实体与关系之间的语义鸿沟。这些询问定义了专门领域科学家期望对数据库提出的有关实体与关系方面的精确问题集。这种重复实践的结果是专门领域科学家和数据库之间可以使用共同语言。

在"20个询问"开始设计启发式规则中，在完成科研项目时，研究人员要求数据系统回答20个最重要问题。过少（如5个问题）不足以识别广泛的模式，过多（如100个问题）将导致重点不突出。

②长尾理论。长尾理论是网络时代兴起的一种新理论。长尾实际上是统计学中幂律和帕累托分布特征的一个通俗表达。过去人们只能关注重要的人或重要的事，如果用正态分布曲线来描绘，人们只能关注曲线的头部，而将处于曲线尾部，或者需要更多的精力和成本才能关注到的大多数人或事予以忽略。例如，在销售产品时，厂商关注的是少数几个VIP客户，无暇顾及在人数上居于大多数的普通消费者。而在网络时代，由于关注的成本大大降低，有可能以很低的成本关注正态分布曲线的尾部，使得关注尾部产生的总体效益甚至会超过头部。例如，某著名网站是世界上最大的网络广告商，它没有一个大客户，收入完全来自被其他广告商忽略的中小企业。安德森认为，网络时代是关注长尾、发挥长尾效益的时代。

长尾理论改变了传统的二八定律。人类一直在用二八定律来界定主流，计算投入和产出的效率。它贯穿了整个生活和商业社会。二八定律是19世纪90年代意大利经济学家帕累托（Pareto）归纳出的一个统计结论，即20%的人口享有80%的财富。当然，这并不是一个准确的比例数字，但表现了一种不平衡关系，即少数主流的人（或事物）可以造成主要的、重大的影响。在市场营销中，为了提高效率，厂商们习惯于把精力放在那些由80%客户去购买的20%的主流商品上，着力维护购买其20%商品的80%的主流客户。

传统的市场曲线符合二八定律，为了抢夺那带来80%利润的畅销品市场，争夺激烈，但是互联网的出现改变了这种局面，所谓的热门商品正越来越名不副实，使得99%的商品都有机会进行销售，市场曲线中那条长长的尾部（所谓的利基产品）成为可以寄予厚望的新的利润增长点。

（5）工作至工作

工作至工作是指工作版本至工作版本的升级，这是一个设计法则。无论数据驱动的计算体系结构变化多么迅速，尤其是当涉及分布数据的时候，新的分布计算模式每年都出现新的变化，使其很难停留在多年的自上而下的设计和实施周期中。当项目完成之时，最初的假设已经变得过时，如果要建立只有每个组件都发挥作用的情况下才开始运行的系统，那么将永远无法完成这个系统。在这样的背景下，唯一方法就是构建模块化系统。随着潜在技术的发展，这些模块化系统的组件可以被代替，现在以服务为导向的体系结构是模块化系统的优秀范例。

3. 科学研究第四范式的核心内容

科学研究的范式不等同于科学知识的各种范式。科学研究的范式是科学家用于科学研究的范式，而不是科学知识的各种范式。相比库恩科学动力学理论，网络可以帮助人们更好地理解海量数据策略。

（1）科学研究范式的演化过程

在漫长的科学研究范式进化过程中，最初只有实验科学范式，主要描述自然现象，以观察和实验为依据的研究，又称之为经验范式。后来出现了理论范式，是以建模和归纳为基础的理论学科和分析范式，科学理论是对某种经验现象或事实的科学解说和系统解释，是由一系列特定的概念、原理（命题）以及对这些概念、原理（命题）的严密论证组成的知识体系。开普勒定律、牛顿运动定律、麦克斯韦方程式等正是利用了模型和归纳而诞生的。但是，对于许多问题，用这些理论模型分析解决过于复杂，只好走上了计算模拟的道路，提出了第三范式。第三范式是以模拟复杂现象为基础的计算科学范式，又称模拟范式。基于模拟范式，完成了世界近代三大数学难题之一的四色问题的求解与证明。模拟方法已经引领人们走过了 20 世纪后半期。现在，数据爆炸又将理论、实验和计算仿真统一起来，出现了新的密集型数据的生态环境。模拟方法正在生成大量数据，同时实验科学也出现了巨大数据增长。研究者已经不用望远镜来观看，取而代之的是把数据传递到数据中心的大规模复杂仪器上来观看，开始研究计算机上存储的信息。

毋庸置疑，科学的世界发生了变化，新的研究模式是通过仪器收集数据或通过模拟方法产生数据，然后利用计算机软件进行处理，再将形成的信息和知识存于计算机中。科学家通过数据管理和统计方法分析数据和文档，只是在这个工作流中靠后的步骤才开始审视数据。可以看出，这种密集型科学研究范式与前三种范式截然不同，所以将数据密集型范式从其他研究范式中区分出来，作为一个新的、科学探索的第四种范式，其意义与价值重大。

（2）数据密集型科学的基本活动

数据密集型科学由数据的采集、管理和分析三个基本活动组成。数据的来源构成了密集型科学数据的生态环境。各种实验涉及多学科的大规模数据，例如澳大利亚的"平方公里阵列"射电望远镜、欧洲粒子中心的大型强子对撞机、天文学领域的泛 STARRS 天体望远镜阵列（全景巡天望远镜和快速反应系统，Panoramic Survey Telescope And Rapid Response System）等每天能产生几个千万亿字节（PB）的数据。特别是它们的高数据通量，对常规的数据采集、管理与分析工具形成巨大的挑战。为此，需要创建一系列通用工具，支持从数据采集、验证到管理、分期和长期保存等整个流程。

（3）学科的发展

关于学科的发展，格雷认为所有学科 X 都分有两个进化分支，一个分支是模拟的 X 学，另一个分支是 X 信息学。如生态学可以分为计算生态学和生态信息学，前者与模拟生态的研究有关，后者与收集和分析生态信息有关。在 X 信息学中，把由实验和设备产生的、档案产生的、文献中产生的、模拟产生的事实以编码和表达知识的方式都存储在一个空间中，用户通过计算机向这个空间提出问题，并由系统给出答案。为了完成这一过程，需要解决的一般问题有数据获取、管理 PB 级大容量的数据、公共模式、数据组织、数据重组、数据分享、查找和可视化工具、建立和实施模型、数据和文献集成、记录实验、数据管理和长期保存。可以看出，科学家需要更好的工具来实现大数据的捕获、分类管理、分析和可视化。

第二章　大数据中的数据获取技术

第一节　数据获取组件分析

一、数据获取

数据的分类方法有很多种，按数据形态可以分为结构化数据和非结构化数据两种。结构化数据如传统的 Data Warehouse 数据；非结构化数据有文本数据、图像数据、自然语言数据等。

结构化数据和非结构化数据的区别从字面上就很容易理解：结构化数据，结构固定，每个字段有固定的语义和长度，计算机程序可以直接处理；而非结构化数据，计算机程序无法直接处理，须先对数据进行格式转换或信息提取。

按数据的来源和特点，数据又可以分为网络原始数据、用户面详单信令、信令数据等。例如，运营商数据是一个数据集成，包括用户数据和设备数据。但是运营商的数据又有如下特点：

1. 数据种类复杂，结构化、半结构化、非结构化数据都有。运营商的设备由于传统设计的原因，很多都是根据协议来实现的，所以数据的结构化程度比较高，结构化数据易于分析，这点相比其他行业有天然的优势。

2. 数据实时性要求高，如信令数据都是实时消息，如果不及时获取就会丢失。

3. 数据来源广泛，各个设备数据产生的速度及传送速度都不一样，因而数据关联是一大难题。

让数据产生价值的第一步是数据获取，下面介绍数据获取和数据分发的相关技术。

二、基于浏览器测试组件的社交网络数据获取技术

对于各大社交网络平台，传统的舆情数据获取技术依然有着较好的通用性，但是基于传统技术实现的网络爬虫因为不同平台的特性，其功能模块的通用性较为低下，应对不同平台往往需要开发全新的功能模块。

此外，随着大数据概念的火热，越来越多的平台意识到数据的重要性，开始对传统的网络数据爬虫技术设置不同的反爬虫机制，通过对账户异常行为、异常请求行为等的检测而采取封号、IP 屏蔽等措施，防止自身平台数据被第三方过多爬取。

值得一提的是，大多社交网络公布了开发者接口以提供更多开放功能，然而一般来说开放的数据有限，部分数据相对封闭，不易破解，难以获取全面的数据。

传统的数据获取技术主要包括三大类：

一是基于官方 API 的数据获取方式。

二是基于 AJAX 技术等通信过程模拟的数据获取方式。

三是基于破解的方式。

单一使用以上一种技术或混合使用以上多种技术构成了当前网络数据获取技术的主流。

（一）基于官方 API 的数据获取技术

API（Application Programming Interface，应用程序编程接口）是一些预先定义的函数，目的是提供应用程序与开发人员基于某软件或硬件的访问一组例程的能力，无须访问源码或理解内部工作机制的细节。一般在传统网站平台中，API 是服务提供商为使其自身的网络社交服务和应用更加多样化，向开发者提供的开放的应用程序编程接口。开发者通过 Open API，能够使自己编写的程序很方便地访问目标网站的数据和平台。数据一般返回格式包括 XML、JSON、RSS、Atom，这些数据格式形式简单，可读性较强，如 JSON 格式，其形式如下：

```
{
"username":"Ombama",
"location":"White House"
}
```

开发者能够很直观方便地解析此类格式数据，提炼得到目标信息。

通过开发者协议授权，基于官方的 API 接口能够获取一定的目标数据，且返回的数据精简直观，很适合数据爬取工作。然而，几乎所有提供 API 接口的网站平台都对 API 接口的调用做了严格限制，主要包括内容限制、频率限制和权限限制。

内容限制主要是部分数据不对开发者提供，服务提供商开放的 API 接口能够提供的数据往往不全面。

频率限制主要是针对开发者，同一个 API 接口在单位时间内的调用次数存在上限，超过上限服务器将拒绝开发者对该 API 接口的访问。例如，新浪微博 API 接口对于普通授权开发者的应用总调用次数限制为单用户每应用 2 000 次/h，其中发微博为单用户每应用 60 次/h。这种受限的访问次数远远无法满足当前大规模的爬虫吞吐。

权限限制主要是针对不同的应用开发者，一般网络平台设置了不同的 API 访问权限，包括单位时间的 API 调用次数限制以及部分特殊 API 接口的访问权限。据调研，新浪微博提供了基于手机号的微博好友推荐 API 接口，但是此接口一般不对开发者开放，国内部分手机厂商和通信应用类厂商能够获取该接口使用权限。

综合以上分析可知，基于官方 API 的数据获取方式依赖官方开发者平台政策，存在种种限制，面对信息量日益庞大的社交网络平台，难以实现速度和规模的量化。

（二）基于通信过程模拟的数据获取方式

AJAX（asynchronous JavaScript And XML）技术通过异步传输和局部刷新，可以动态地改变页面内容，实现更好的用户体验，是 Web 2.0 应用中通常采用的技术。当前社交网络大多采用了 AJAX 异步加载的方式实现页面局部刷新。

基于 AJAX 通信技术的模拟主要是通过对用户和服务器的通信过程进行分析，解析得到其中数据请求的过程格式和前后依赖，通过对其模拟进行目标数据的获取。基于 AJAX 通信技术的模拟其优势在于，一般情况下 AJAX 模拟请求无频率限制，因此可以达到及时获取目标数据和更新快速的目的。

然而基于 AJAX 技术的模拟方式也有着一定的难点：

1. 随着不同社交网络平台对于自身数据的重视，部分社交网络开始对一些基于 AJAX 模拟的爬虫进行反探测和屏蔽。例如，Google+针对此类爬虫设置了反爬虫机制以屏蔽第三方爬虫的数据爬取。

2. 基于 AJAX 技术的模拟方式需要对不同数据请求分析其前后请求依赖，一次数据请求可能存在多个前后依赖，分析工作复杂，对于一些请求返回的异常结果难以覆盖。

3. 由于 AJAX 请求分析工作复杂，一旦目标网站对其进行升级或增加新的功能，后期对其维护的工作量将加大，需要重新分析各数据请求的前后依赖，导致维护升级成本较高，周期较长。

（三）基于破解的数据获取方式

基于破解的数据获取方式主要是指针对客户端的破解和对 Web 通信协议的破解。

服务提供商为了保持前后版本的兼容性，往往使得针对客户端的破解有效时间变长，且一般情况下受版本升级的影响相对较小。然而客户端破解需要综合运行反编译、加密数据库解析等多种工具，需要较强的代码级逆向分析工程能力，破解周期长但不能保证效果，同时若新版本加入额外的安全机制，则破解很有可能失效。例如，微信安卓版在版本升级过程中不断加入新的安全机制，导致目前所能发现的所有破解版本均失效不可用。针对 Web 通信协议的破解问题也基本类似，而且现有的社交网络的通信协议基本上都是全程加密的。

综上所述，不同的破解方式都存在着一定的缺陷，且针对目标网络平台的反爬虫机制难以突破，尤其是针对即时通信的社交网络应用。为了突破不同社交网络针对传统爬虫的反爬机制，在降低破解成本和缩短维护周期的前提下，我们提出了一种基于浏览器测试组件的社交网络数据获取技术。

第二节　数据获取探针的原理解析

一、探针原理

打电话，手机上网，背后支撑的都是网络的路由器、交换机等设备的数据交换。从网络的路由器、交换机上把数据采集上来的专有设备是探针。根据探针放置的位置不同，可分为内置探针和外置探针两种。

内置探针：探针设备和通信商已有设备部署在同一个机框内，直接获取数据。

外置探针：在现网中，大部分网络设备早已经部署完毕，无法移动原有网络，这时就需要外置探针。

外置探针主要由以下几个设备组成：

Tap/分光器：对承载在铜缆、光纤上传输的数据进行复制，并且不影响原有两个网元间的数据传输。

汇聚 LAN Switch：汇聚多个 Tap/分光器复制的数据，上报给探针服务器。

探针服务器：对接收到的数据进行解析、关联等处理，生成 xDR，并将 xDR 上报给分析系统，作为其数据分析的基础。

探针通过分光器获取到数据网络中各个接口的数据，然后发送到探针服务器进行解析、关联等处理。经过探针服务器解析、关联的数据，最后送到统一分析系统中进行进一步的分析。

二、探针的关键能力

（一）大容量

探针设备需要和电信已有的设备部署在一起。一般来说，原有设备的机房空间有限，所以探针设备的高容量、高集成度是非常关键的能力。

探针负责截取网络数据并解析出来，其中最重要的是转发能力，对网络的要求很高。高性能网络是大容量的保证。

（二）协议智能识别

传统的协议识别方法采用 SPI（Shallow Packet Inspection）检测技术。SPI 对 IP 包头中的"5 Tuples"，即"五元组（源地址、目的地址、源端口、目的端口及协议类型）"信息进行分析，来确定当前流量的基本信息。传统的 IP 路由器正是通过这一系列信息来实现一定程度的流量识别和 QoS 保障的，但 SPI 仅仅分析 IP 包四层以下的内容，根据 TCP/UDP 的端口来识别应用。这种端口检测技术检测效率很高，但随着 IP 网络技术的发展，适用的范围越来越小，目前仍有一些传统网络应用协议使用固定的知名端口进行通信。因此，对于这一部分网络应用流量，可以采用端口检测技术进行识别。例如：

DNS 协议采用 53 端口。

BGP 协议采用 179 端口。

MSRPC 远程过程调用采用 135 端口。

许多传统和新兴应用采用了各种端口隐藏技术来逃避检测，如在 8000 端口上进行 HTTP 通信、在 80 端口上进行 Skype 通信、在 2121 端口上开启 FTP 服务等。因此，仅通过第四层端口信息已经不能真正判断流量中的应用类型，更不能应对基于开放端口、随机端口甚至采用加密方式进行传输的应用类型。要识别这些协议，无法单纯依赖端口检测，而必须在应用层对这些协议的特征进行识别。

除了逃避检测的情况外，目前还出现了运营商和 OTT 合作的场景，如 Facebook 包月套餐，在这种情况下，运营商可以基于 OTT 厂商提供的 IP、端口等配置信息进行计费。但是这种方式有很大的限制，如系统配置的 IP 和端口数量有限、OTT 厂商经常改变或者增加服务器造成频繁修改配置等。协议智能识别技术能够深度分析数据包所携带的 L3 ~ L7/L7+的消息内容、连接的状态/交互信息（如连接协商的内容和结果状态、交互消息的顺序等）等信息，从而识别出详细的应用程序信息（如协议和应用的名称等）。

（三）安全的影响

探针的核心能力是获取通信的数据，但随着越来越多的网站使用 HTTPS/QUIC 加密 L7 协议，传统的探针能力就会受到极大的限制，因而无法解析 L7 协议的内容。

比如，想分析 YouTube 的流量，只有通过解析 L7 协议才能知道用户访问的是 YouTube，所以加密之后会影响探针的解析能力，很多业务就无法进行。

现在业界尝试使用深度学习来识别协议，如奇虎 360 设计了一个 5~7 层的深度神经网络，能够自动学习特征并识别每天数据中的 50~80 种协议。

（四）InfiniBand 技术

为了达到高效的转发能力，传统的 TCP/IP 网络无法满足需求，因此需要更高速度、更大带宽、更高效率的 InfiniBand 网络。

1. 什么是 InfiniBand 技术

InfiniBand 架构是一种支持多并发链接的"转换线缆"技术。在这种技术中，仅有一个链接的时候运行速度是 500MB/s，在有 4 个链接的时候运行速度是 2GB/s，在有 12 个链接的时候运行速度可以达到 6GB/s。

InfiniBand 用于服务器系统内部并没有发展起来，原因在于英特尔和微软在 21 世纪初就退出了 IBTA。在此之前，英特尔早已另行倡议 Arapahoe，也称为

3GIO（3rd Generation I/O，第三代 I/O），即今日鼎鼎大名的 PCI-Express（PCI-E）。InfiniBand、3GIO 经过一年的并行，英特尔最终选择了 PCI-E。因此，现在应用 InfiniBand，主要用于服务器集群、系统之间的互联。

2. InfiniBand 速度快的原因

随着 CPU 性能的飞速发展，I/O 系统的性能成为制约服务器性能的瓶颈，于是人们开始重新审视使用了十几年的 PCI 总线架构。虽然 PCI 总线架构把数据的传输从 8 位/16 位一举提升到 32 位，甚至当前的 64 位，但是它的一些先天劣势限制了其继续发展的势头。PCI 总线有如下缺陷：

（1）由于采用了基于总线的共享传输模式，所以在 PCI 总线上不可能同时传送两组以上的数据，当一个 PCI 设备占用总线时，其他设备只能等待。

（2）随着总线频率从 33MHz 提高到 66MHz，甚至 133MHz（PCI-X），信号线之间的相互干扰变得越来越严重，在一块主板上布设多条总线的难度也就越来越大。

（3）由于 PCI 设备采用了内存映射 I/O 地址的方式建立与内存的联系，热添加 PCI 设备变成了一件非常困难的工作。目前的做法是在内存中为每个 PCI 设备划出一块 50~100MB 的区域，这段空间用户是不能使用的。因此，如果一块主板上支持的热插拔 PCI 接口越多，用户损失的内存就越多。

（4）PCI 总线上虽然有 Buffer 作为数据的缓冲区，但是它不具备纠错的功能。如果在传输过程中发生了数据丢失或损坏的情况，则控制器只能触发一个 NMI 中断通知操作系统在 PCI 总线上发生了错误。

3. InfiniBand 介绍

（1）InfiniBand 架构

InfiniBand 采用双队列程序提取技术，使应用程序直接将数据从适配器送入应用内存（远程直接存储器存取，RDMA），反之亦然。在 TCP/IP 协议中，来自网卡的数据先复制到核心内存，然后再复制到应用存储空间，或从应用存储空间将数据复制到核心内存，再经由网卡发送到 Internet。这种 I/O 操作方式始终需要经过核心内存的转换，不仅增加了数据流传输路径的长度，而且大大降低了 I/O 的访问速度，增加了 CPU 的负担。而 SDP 则是将来自网卡的数据直接复制到用户的应用存储空间，从而避免了核心内存的参与。这种方式被称为零拷贝，它可以在进行大量数据处理时，达到该协议所能达到的最大吞吐量。

InfiniBand 的协议采用分层结构，各个层次之间相互独立，下层为上层提供服务。其中，物理层定义了在线路上如何将比特信号组成符号，然后再组成帧、数据符号及包之间的数据填充等，详细说明了构建有效包的信令协议等；链路层定义了数据包的格式及数据包操作的协议，如流控、路由选择、编码、解码等；网络层通过在数据包上添加一个 40 字节的全局的路由报头（Global Route Header，GRH）来进行路由的选择，对数据进行转发，在转发过程中，路由器仅仅进行可变的 CRC 校验，这样就保证了端到端数据传输的完整性；传输层再将数据包传送到某个指定的队列偶（Queue Pair，QP），并指示 QP 如何处理该数据包，以及当信息的数据净核部分大于通道的最大传输单元（MTU）时，对数据进行分段和重组。

（2）InfiniBand 基本组件

InfiniBand 的网络拓扑结构组成单元主要分为 4 类。

①HCA（Host Channel Adapter）。它是连接内存控制器和 TCA 的桥梁。

②TCA（TargetChannel Adapter）。它将 I/O 设备（如网卡、SCSI 控制器）的数字信号打包发送给 HCA。

③InfmiBandlink。它是连接 HCA 和 TCA 的光纤。InfiniBand 架构允许硬件厂家以 1 条、4 条、12 条光纤三种方式连接 TCA 和 HCA。

④交换机和路由器。无论是 HCA 还是 TCA，其实质都是一个主机适配器，它是一个具备一定保护功能的可编程 DMA（Direct Memory Access，直接内存存取）引擎。

（3）InfiniBand 应用

在高并发和高性能计算应用场景中，当客户对带宽和时延都有较高的要求时，前端和后端均可采用 InfiniBand 组网，或前端网络采用 10Gbit/s 以太网，后端网络采用 IB 组网。由于 InfiniBand 具有高带宽、低时延、高可靠及满足集群无限扩展能力的特点，并采用 RDMA 技术和专用协议卸载引擎，所以能为存储客户提供足够的带宽和更低的响应时延。

InfiniBand 目前可以实现及未来规划的更高带宽工作模式如下（以 4X 模式为例）。

SRD（Single Data Rate）：单倍数据率，即 8Gbit/s。

DDR（Double Data Rate）：双倍数据率，即 16Gbit/s。

QDR（Quad Data Rate）：4 倍数据率，即 32Gbit/s。

FDR（Fourteen Data Rate）：14 倍数据率，即 56Gbit/s。

EDR（Enhanced Data Rate）：100Gbit/s。

HDR（High Data Rate）：200Gbit/s。

NDR（Next Data Rate）：1 000Gbit/s+。

4. InfiniBand 常见的运行协议

IPoIB 协议：Internet Protocol over InfiniBand，简称 IPoIB。传统的 TCP/IP 的影响实在太大了，几乎所有的网络应用都是基于此开发的，IPoIB 实际是 InfiniBand 为了兼容以太网不得不做的一种折中，毕竟谁也不愿意使用不兼容大规模已有设备的产品。IPoIB 基于 TCP/IP 协议，对于用户应用程序是透明的，并且可以提供更大的带宽，也就是原先使用 TCP/IP 协议栈的应用不需要任何修改就能使用 IPoIB 协议。例如，如果使用 InfiniBand 做 RAC 的私网，默认使用的就是 IPoIB 协议。

RDS 协议：Reliable Datagram Sockets（RDS）实际是由 Oracle 公司研发的运行在 InfiniBand 之上的、直接基于 IPC 的协议。之所以出现这样一种协议，根本原因在于传统的 TCP/IP 栈本身过于低效，对于高速互联开销太大，导致传输的效率太低。RDS 相比 IPoIB，CPU 的消耗量减少了 50%；相比传统的 UDP 协议，网络延迟减少了一半。在默认情况下，RDS 协议不会被使用，需要进行额外的 relink（重新链接）。另外，即使 relink RDS 库以后，RAC 节点间的 CSS 通信也无法使用 RDS 协议，节点间的心跳维持及监控都采用 IPoIB 协议。

除了上面介绍的 IPoIB、RDS 协议外，还有 SDP、ZDP、IDB 等协议。Orade-Exadata 一体机为达到较高的性能，也使用了 IB 技术。

5. InfiniBand 在 Linux 上的配置

下面介绍在 Limix 上配置和使用 IB 协议。

RedHat 产品是从 RedHat Enterprise Linux5.3 开始正式在内核中集成对 InfiniBand 网卡的支持的，并且将 InfiniBand 所需的驱动程序及库文件打包到发行 CD 里，所以对于有 InfiniBand 应用需求的 RedHat 用户来说，建议采用 RedHat Enterprise Linux5.3 及以后的系统版本。

（1）安装 InfiniBand 驱动程序

在安装 InfiniBand 驱动程序之前，事先确认 InfiniBand 网卡已经被正确地连接或分配到主机，然后从 RedHat Enterprise Linux5.3 的发行 CD 中获得 Tablel 中给出的 RPM 文件，并根据上层应用程序的需要，选择安装相应的 32 位或 64 位软件包。

另外，对于不同类型的 InfiniBand 网卡，还需要安装一些特殊的驱动程序。例如，对于 Galaxy1/Galaxy2 类型的 InfiniBand 网卡，就需要安装 ehca 相关的驱动。

（2）启动 openibd 服务

在 RedHat Enterprise Linux5.3 系统中，openibd 服务在默认情况下是不打开的，所以在安装完驱动程序后，在配置 IPoIB 网络接口之前，需要先启动 openibd 服务以保证相应的驱动被加载到系统内核。

（3）配置 IPoIB 网络接口

在 RedHat Enterprise Lirmx5.3 系统中配置 IPoIB 网络接口的方法与配置以太网接口的方法类似，即在/etc/sysconfig/network-scripts 路径下创建相应的 IB 接口配置文件，如 ifcfg-ib0、ifcfg-ib1 等。

IB 接口配置文件创建完成后，需要重新启动接口设备以使新配置生效。这时可以使用 ifconfig 命令检查接口配置是否已经生效。

至此，IPoIB 接口配置工作基本完成。如果需要进一步验证其工作是否正常，则可以参考以上步骤配置另一个节点，并在两个节点之间运行 ping 命令。如果 ping 成功，则说明 IPoIB 配置成功。

第三节　网页及日志的采集

一、网页采集

大量的数据散落在互联网中，要分析互联网上的数据，需要先把数据从网络中获取下来，这就需要网络爬虫技术。

（一）网络爬虫

1. 基本原理

网络爬虫是搜索引擎抓取系统的重要组成部分。爬虫的主要目的是将互联网上的网页下载到本地，形成一个互联网内容的镜像备份。下面主要对爬虫及抓取系统的原理进行基本介绍。

网络爬虫的基本工作流程如下：

（1）首先选取一部分种子 URL。

（2）将这些 URL 放入待抓取 URL 队列。

（3）从待抓取 URL 队列中取出待抓取的 URL，解析 DNS，得到主机的 IP，并将 URL 对应的网页下载下来，存储到已下载网页库中。此外，将这些 URL 放入已抓取 URL 队列。

（4）分析已抓取到的网页内容中的其他 URL，并且将 URL 放入待抓取 URL 队列，从而进入下一个循环。

（5）已下载未过期网页。

（6）已下载已过期网页：抓取到的网页实际上是互联网内容的一个镜像与备份。互联网是动态变化的，一部分互联网上的内容已经发生变化，这时，这部分抓取到的网页就已经过期了。

（7）待下载网页：也就是待抓取 URL 队列中的那些页面。

（8）可知网页：还没有抓取下来，也没有在待抓取 URL 队列中，但是可以通过对已抓取页面或者待抓取 URL 对应页面进行分析获取到 URL，这些网页被称为可知网页。

（9）还有一部分网页爬虫是无法直接抓取下载的，这些网页被称为不可知网页。

2. 抓取策略

在爬虫系统中，待抓取 URL 队列是很重要的一部分。待抓取 URL 队列中的 URL 以什么样的顺序排列也是一个很重要的问题，因为其决定了先抓取哪个页面、后抓取哪个页面。而决定这些 URL 排列顺序的方法叫作抓取策略。下面重点介绍几种常见的抓取策略。

（1）深度优先遍历策略

深度优先遍历策略是指网络爬虫会从起始页开始，一个链接一个链接地跟踪下去，处理完这条线路之后再转入下一个起始页，继续跟踪链接。

（2）宽度优先遍历策略

宽度优先遍历策略的基本思路是：将新下载网页中发现的链接直接插入待抓取 URL 队列的末尾。也就是说网络爬虫会先抓取起始网页中链接的所有网页，然后再选择其中的一个链接网页，继续抓取此网页中链接的所有网页。

（3）反向链接数策略

反向链接数是指一个网页被其他网页链接指向的数量。反向链接数表示的是一个网页的内容受到其他人推荐的程度。因此，很多时候搜索引擎的抓取系统会使用这个指标来评价网页的重要程度，从而决定不同网页的抓取顺序。

在真实的网络环境中，由于广告链接、作弊链接的存在，反向链接数不可能完全等同于网页的重要程度。因此，搜索引擎往往考虑一些可靠的反向链接数。

（4）PartialPageRank 策略

PartialPageRank 策略借鉴了 PageRank 策略的思想：对于已经下载的网页，连同待抓取 URL 队列中的 URL，形成网页集合，计算每个页面的 PageRank 值；计算完成后，将待抓取 URL 队列中的 URL 按照 PageRank 值的大小排列，并按照该顺序抓取页面。

如果每次只抓取一个页面，则要重新计算 PageRank 值。一种折中的方案是：每抓取 K 个页面后，重新计算一次 PageRank 值。但是这种情况还会产生一个问题：对于已经下载下来的页面中分析出的链接，也就是未知网页部分，暂时是没有 PageRank 值的。为了解决这个问题，会赋予这些页面一个临时的 PageRank 值：将这个网页所有入链传递进来的 PageRank 值进行汇总，这样就形成了该未知面的 PageRank 值，从而参与排序。

（5）OPIC 策略

该策略实际上也是对页面进行重要性打分。在策略开始之前，给所有页面一个相同的初始现金（cash）。当下载了某个页面 P 之后，将 P 的现金分摊给所有从 P 中分析出的链接，并且将 P 的现金清空。对于待抓取 URL 队列中的所有页面，按照现金数进行排序。

（6）大站优先策略

对于待抓取 URL 队列中的所有网页，根据所属的网站进行分类；对于待下载页面数多的网站，则优先下载。这种策略也因此被叫作大站优先策略。

3. 更新策略

互联网是实时变化的，具有很强的动态性。网页更新策略主要用来决定何时更新之前已经下载的页面。常见的更新策略有以下三种：

（1）历史参考策略

顾名思义，历史参考策略是指根据页面以往的历史更新数据，预测该页面未来何时会发生变化。一般来说，是通过泊松过程进行建模来预测的。

（2）用户体验策略

尽管搜索引擎针对某个查询条件能够返回数量巨大的结果，但是用户往往只关注前几页结果。因此，抓取系统可以优先更新那些在查询结果中排名靠前的网页，然后再更新排名靠后的网页。这种更新策略也需要用到历史信息。用户体验策略保留网页的多个历史版本，并且根据过去每次的内容变化对搜索质量的影响得出一个平均值，将该值作为决定何时重新抓取的依据。

（3）聚类抽样策略

前面提到的两种更新策略都有一个前提：需要网页的历史信息。这样就会存在两个问题：第一，系统如果为每个网页保存多个历史版本信息，则无疑增加了系统负担；第二，如果新的网页完全没有历史信息，则无法确定更新策略。

这种策略认为，网页具有很多属性，类似属性的网页可以认为其更新频率也是类似的。要计算某个类别网页的更新频率，只须对这类网页抽样，以它们的更新周期作为整个类别的更新周期。

4. 系统架构

一般来说，分布式抓取系统需要面对的是整个互联网上数以亿计的网页，单个抓取程序不可能完成这样的任务，往往需要多个抓取程序一起来处理。一般来说，抓取系统往往是一个分布式的三层结构。

最底层是分布在不同地理位置的数据中心，在每个数据中心里有若干台抓取服务器，而每台抓取服务器上可能部署了若干套爬虫程序，这就构成了一个基本的分布式抓取系统。

对于一个数据中心里的不同抓取服务器，协同工作的方式有以下几种。

（1）主从式（Master-Slave）

对于主从式而言，有一台专门的 Master 服务器来维护待抓取 URL 队列，它负责每次将 URL 分发到不同的 Slave 服务器，而 Slave 服务器则负责实际的网页下载工作。Master 服务器除了维护待抓取 URL 队列及分发 URL 外，还要负责调节各 Slave 服务器的负载情况，以免某些 Slave 服务器过于清闲或者忙碌。在这种模式下，Master 往往容易成为系统瓶颈。

（2）对等式（Peer to Peer）

在这种模式下，所有的抓取服务器在分工上没有区别。每台抓取服务器都可以从待抓取 URL 队列中获取 URL，然后对该 URL 的主域名计算 Hash 值 H，然后计算 H 值 mod 其 m（其中，m 是服务器的数量），计算得到的数值就是处理该 URL 的主机编号。

举例：假设对于 URL "www.baidu.com"，计算其 Hash 值 $H=8$，$m=3$，则 $H \bmod m = 2$，因此由编号为 2 的服务器进行该链接的抓取。假设这时由 0 号服务器拿到这个 URL，那么它会将该 URL 转给服务器 2，由服务器 2 进行抓取。

这种模式有一个问题，即当一台服务器死机或者添加新的服务器时，所有 URL 的哈希求余的结果都将发生变化。也就是说，这种方式的扩展性不佳。针对这种情况，又提出了一种改进方案，即使用一致性哈希算法来确定服务器分工。

一致性哈希算法对 URL 的主域名进行哈希运算，映射为范围在 $0 \sim 232$ 之间的某个数；然后将这个范围平均分配给 m 台服务器，根据 URL 主域名哈希运算的值所处的范围判断由哪台服务器来进行抓取。

如果某台服务器出现问题，那么原本由该服务器负责的网页则按照顺时针顺延，由下一台服务器进行抓取。这样，即使某台服务器出现问题，也不会影响其他服务器的正常工作。

（二）简单爬虫 Python 代码示例

总的来说，爬虫是一项非常成熟的技术。Python 提供了很好的类库，用 Python 实现一个简单的爬虫程序所需的代码非常少。下面给出一个简单的 Python 爬虫示例：

```
#- * -coding：utf-8- * -
import urllib2
import urllib
import re
import time
#通过 url 获取网页源码 html
def getHtml（url）：
    page = urllib2. urlopen（url）
    html = page. read）
    return html
#在 html 中找到匹配的 url
def getImg（html）：
#修改这里的匹配模式，适用于不同的网页
    reg = r'src = "（http：//. +? \ .jpg）"      #+号后面加上？ --->非贪婪
模式
    imgre = re. compile（reg）
    imglist = re. findall（imgre，html）
```

```
i = 0
for imgurl in imglist：
print imgurl
```

urllib. urlretrieve（imgurl,'%s. Jpg'%time. time（））#下载 imgurl 的图片并且用当前时间戳命名

```
i+ = 1
#return imglist
```

url = "http：//tieba. baidu. com/p/2772656630"

html = getHtml（url）

print getlmg（html）

这里的核心是使用 urllib. urlretrieve（）方法直接将远程数据下载到本地。

上述代码通过一个 for 循环对获取的图片链接进行了遍历。为了使图片的文件名看上去更加规范，这里对其进行了重命名，命名规则为通过 x 变量加 1，保存的位置默认为程序的存放目录。

二、日志收集

（一）日志分析

1. 可用状态分析

可用状态体现的是网络设备与系统是否可使用，通常以每 5min 判断一次设备与系统的状态。查看设备与系统在 20min 内是否生成过日志消息，如果没有则需要查看设备与系统的在线；如果有日志消息生成则跳过检查。完成检查后，系统及时更新为设备的最新状态，同时为预警和数据展示做好准备。

2. 紧急事件分析

紧急事件是设备与系统需要马上处理和解决的事件，如果不及时处理可能会导致设备与系统不可使用。这类事件多为设备与系统自身相关的事件，如资源不足、故障问题等。面临这类事件，网络安全预警技术系统需要综合分析日志数据，过滤不重要不紧急的事件，并将紧急重要的事件推送至紧急事件处理表。

3. 错误提示分析

错误提示信息是设备与系统产生的异常错误信息。这类信息不能直接直观反

映设备与系统的健康状态，但是根据这些错误信息可以准确推测设备与系统未来可能出现的问题与故障。例如，利用错误提示的频率来推测问题或故障可能出现的时间点，以便相关维修人员事前做好维护工作。

4. 告警分析

告警分析主要分析设备与系统中当前比较重要和紧急的事件，如状态事件与紧急事件等。告警分析负责整合这类信息并进行分析与推测，最后将分析与预测结果展示到系统界面。

5. 黑客攻击分析

网络中设备与系统面临的最大威胁是外界的非法攻击，分析已经发生的黑客攻击行为，可以预测下一次攻击的时间与方式，从而提前做好防范工作。这需要网络安全预警技术系统能够分析网络设备日志信息，找出相关的攻击记录与攻击内容，同时相关管理与技术人员需要及时掌握设备与系统被攻击的情况，从而对症下药，采取有效的保护措施。

6. 异常利用分析

设备与系统的异常主要负责维护日常运行中的异常信息，网络安全预警技术系统可结合相关人员登录与维护设备与系统的日志数据获取异常信息。异常信息指不在维护期间形成的登录信息。预警技术系统会记录该异常行为，并向相关管理人员发出告警以便技术人员及时维护设备与系统。

（二）基于网络设备日志分析的网络安全预警技术系统的设计

1. 日志收集与数据识别、分析与处理

先编写相关代码来收集各类日志数据再对网络设备日志数据进行分析、处理与入库。具体过程如下：首先将网络设备日志数据发送到 Redis；其次日志识别模块读取日志数据，按照一定日志识别规则，同时结合网际互连协议（Intellectual Property，IP）地址来识别日志类型，如命令日志、数据库登录日志、系统日志及设备账号登录日志等；最后完成标记，将这些日志数据依照类型标签存储至数据库。另外，使用 Java 语言编写网络设备日志分析处理器，主要包括任务控制器、识别分析、缓存器与结果写回三部分。

2. 短信预警功能

网络安全预警技术系统可以实现平台设备、技术维护人员、相关手机号关联

及告警信息接收手机号设置等功能。在系统运行中，如果发生日志数据异常，日志分析处理器可以构建警告日志，并利用短信中心向相关技术人员发送预警信息，如异常登录预警、账号异常预警、系统与设备故障预警、异常进程启停预警以及高危命令操作预警等。这一过程用时较短，通常在10s内完成。

3. 数据库设计

为方便数据处理存储与 Web 页面之间的数据交互，该网络安全预警技术系统选用 Oracle 数据库。数据库的详细设计如下：①角色表、用户表。用户表用于管理用户信息并为用户赋予角色，角色表用于管理不同角色拥有哪些权限。②子系统表、子系统用户表、用户设备表以及过滤关键字设备表，不仅可以实现子系统、关联用户等的设置，而且可以随时查看用户所管理的设备系统等。③告警关键字表。负责存储相关告警关键字并将其与设备相关联，从而达到某一设备若出现相关告警关键字就发送告警的目的。④过滤关键字表。负责存储相关过滤关键字并将其与设备相关联，当某设备中出现相关过滤关键字时，则进行过滤操作。⑤相关记录表。如系统日志表、数据库登录日志表、业务日志表以及用户日志表等。

4. Web 页面设计

该网络安全预警技术系统使用 Java 语言与安全外壳协议（Secure Shell，SSH）框架进行编写实现，并选用浏览器/服务器（Browser/Server，B/S）架构使用户可以通过任意浏览器查看相关 Web 页面。Web 服务为管理员、技术维护人员、值班人员以及审计员等各类权限的用户提供相应服务，如登录告警设置、告警关键字设置、过滤关键字设置、系统接入配置、设备配置、日志审计以及日志多维分析等。另外，日志审计时，该预警技术系统以 IT 系统名称与设备 IP 地址为核心，生成目录树，同时不同设备 IP 地址下还包括各类日志信息，如命令日志、业务日志、数据登录日志以及系统日志等。该系统提供了友好简单的人机交互界面，以便于提高日志审计工作的效率与质量。

第四节　数据分发中间件的作用

一、数据分发中间件的基本作用

数据采集上来后，需要送到后端的组件进行进一步的分析，前端的采集和后端的处理往往是多对多的关系。为了简化传送逻辑、增强灵活性，在前端的采集和后端的处理之间需要一个消息中间件来负责消息转发，以保障消息可靠性，匹配前后端的速度差。

二、Kafka 架构和原理

（一）Kafka 的基本概念

Kafka 主要用于处理活跃的流式数据。活跃的流式数据在 Web 网站应用中很常见，这些数据包括网站的 PV、用户访问了什么内容、搜索了什么内容等。这些数据通常以日志的形式被记录下来，然后每隔一段时间进行一次统计处理。

传统的日志分析系统提供了一种离线处理日志消息的可扩展方案，但若要实时进行处理，通常会有较大延迟。而现有的消息（队列）系统能够很好地处理实时或者近似实时的应用，但未处理的数据通常不会写到磁盘上，这对 Hadoop 之类（一小时或者一天只处理一部分数据）的离线应用而言，可能存在问题。Kafka 正是为了解决以上问题而设计的，它能够很好地处理离线和在线应用。

（二）Kafka 架构

整个架构中包括三个角色。

生产者（Producer）：消息和数据产生者。

代理（Broker）：缓存代理，Kafka 的核心功能。

消费者（Consumer）：消息和数据消费者。

整体架构很简单，Kafka 给 Producer 和 Consumer 提供注册的接口，数据从 Producer 发送到 Broker，Broker 承担一个中间缓存和分发的作用，负责分发注册到系统中的 Consumer。

（三）设计要点

Kafka 非常高效，下面介绍一下 Kafka 高效的原因，对理解 Kafka 非常有帮助。

1. 直接使用 Linux 文件系统的 Cache 来高效缓存数据。

2. 采用 Linux Zero-Copy 提高发送性能。传统的数据发送需要发送 4 次上下文切换，采用 Sendee 系统调用之后，数据直接在内核态交换，系统上下文切换减少为 2 次。根据测试结果，可以提高 60% 的数据发送性能。Zero-Copy 的技术细节可以参考 https://www.ibm.com/developerworks/linux/library/j-zerocopy/。数据在磁盘上的存取代价为 0（1）。

Kafka 以 Topic 来进行消息管理，每个 Topic 包含多个 Part（ition），每个 Part 对应一个逻辑 Log，由多个 Segment 组成。每个 Segment 中存储多条消息，消息 ID 由其逻辑位置决定，即从消息 ID 可直接定位到消息的存储位置，避免 ID 到位置的额外映射。每个 Part 在内存中对应一个 Index，记录每个 Segment 中的第一条消息偏移。

发布者发到某个 Topic 的消息会被均匀地分布到多个 Part 上（随机或根据用户指定的回调函数进行分布），Broker 收到发布消息后往对应 Part 的最后一个 Segment 上添加该消息。当某个 Segment 上的消息条数达到配置值或消息发布时间超过阈值时，Segment 上的消息便会被 flush（冲刷）到磁盘上，只有 flush 到磁盘上的消息订阅者才能订阅到。Segment 达到一定的大小后将不会再往该 Segment 写数据，Broker 会创建新的 Segment。

全系统分布式，即所有的 Producer、Broker 和 Consumer 都默认有多个，均为分布式的。Producer 和 Broker 之间没有负载均衡机制。Broker 和 Consumer 之间利用 ZooKeeper 进行负载均衡。所有 Broker 和 Consumer 都会在 ZooKeeper 中进行注册，且 ZooKeeper 会保存它们的一些元数据信息。如果某个 Broker 和 Consumer 发生了变化，那么所有其他的 Broker 和 Consumer 都会得到通知。

（四）Kafka 消息存储方式

首先深入了解一下 Kafka 中的 Topic。Topic 是发布的消息的类别或者种子 Feed 名。对于每个 Topic，Kafka 集群都会维护这一分区的 Log。

每个分区都是一个顺序的、不可变的消息队列，并且可以持续添加。分区中的消息都被分配了一个序列号，称之为偏移量（offset），在每个分区中此偏移量都是唯一的。

Kafka 集群保存所有的消息，直到它们过期，无论消息是否被消费。实际上，消费者所持有的仅有的元数据就是这个偏移量，也就是消费者在这个 Log 中的位置。在正常情况下，当消费者消费消息的时候，偏移量也线性增加。但是实际偏移量由消费者控制，消费者可以重置偏移量，以重新读取消息。

可以看到，这种设计对消费者来说操作自如，一个消费者的操作不会影响其他消费者对此 Log 的处理。

再来说说分区。Kafka 中采用分区的设计有两个目的：一是可以处理更多的消息，而不受单台服务器的限制，Topic 拥有多个分区，意味着它可以不受限制地处理更多的数据；二是分区可以作为并行处理的单元。

Kafka 会为每个分区创建一个文件夹，文件夹的命名方式为 topicName-分区序号。

而分区是由多个 Segment 组成的，是为了方便进行日志清理、恢复等工作。每个 Segment 以该 Segment 第一条消息的 offset 命名并以 ".log" 作为后缀。另外还有一个索引文件，它标明了每个 Segment 下包含的 Log Entiy 的 offset 范围，文件命名方式也是如此，以 ".index" 作为后缀。如下：

00000000000000000000. index

00000000000000000000. log

00000000000000368769. index

00000000000000368769. log

00000000000000737337. index

00000000000000737337. log

00000000000001105814. index

00000000000001105814. log

……

索引文件存储大量元数据，数据文件存储大量消息（Message），索引文件中的元数据指向对应数据文件中 Message 的物理偏移地址。以索引文件中的元数据 3,497 为例，依次在数据文件中表示第三个 Message（在全局 Partition 中表示第 368 772 个 Message），以及该消息的物理偏移地址为 497。

Segment 的 Log 文件由多个 Message 组成，下面详细说明 Message 的物理结构。

参数说明如表 2-1 所示。

表 2-1　Message 的参数说明

关键字	解释说明
8 byte offse	在 Partition（分区）内的每条消息都有一个有序的 ID，这个 ID 被称为偏移（offset），它可以唯一确定每条消息在 Partition（分区）内的位置。即 offset 表示 Partition 的第多少个 Message

续表

关键字	解释说明
4 byte message size	Message 的大小
4 byte CRC32	用 CRC32 校验 Message
1 byte "magic"	表示本次发布的 Kafka 服务程序协议版本号
1 byte "atiributes"	表示为独立版本，或标识压缩类型，或编码类
4 byte key length	表示 key 的长度。当 key 为-1 时，K byte key 字段不填
K byte key	可选
value bytes payload	表示实际消息数据

（五）如何通过 offset 查找 Message

例如，读取 offset = 368 776 的 Message，需要通过如下两个步骤查找。

第一步：查找 Segment File。

00000000000000000000. index 表示最开始的文件，起始偏移量（offset）为 0；第二个文件 0000000000000368769. index 的起始偏移量为 368 770（368 769+1）；同样，第三个文件 0000000000000737337. index 的起始偏移量为 737 338（737 337+1），依此类推。以起始偏移量命名并排序这些文件，只要根据 offset * *二分查找 * *文件列表，就可以快速定位到具体文件。

当 offset = 368 776 时，定位到 0000000000000368769. index｜logo

第二步：通过 Segment File 查找 Message。

通过第一步定位到 Segment File，当 offset = 368 776 时，依次定位到 0000000000000368769. index 的元数据物理位置和 0000000000000368769. log 的物理偏移地址，然后再通过 0000000000000368769. log 顺序查找，直到 offset = 368 776 为止。

Segment Index File 采取稀疏索引存储方式，可以减少索引文件大小，通过 Linux mmap 接口可以直接进行内存操作。稀疏索引为数据文件的每个对应 Message 设置一个元数据指针，它比稠密索引节省了更多的存储空间，但查找起来需要消耗更多的时间。

（六）主要代码解读

LogManager 管理 Broker 上所有的 Logs（在一个 Log 目录下），一个 Topic 的一个 Partition 对应一个 Log（一个 Log 子目录）。这个类应该说是 Log 包中最重要的类，也是 Kafka 日志管理子系统的入口。日志管理器（Log Manager）负责创建日志、获取日志、清理日志。所有的日志读写操作都交给具体的日志实例来完成。日志管理器维护多个路径下的日志文件，并且会自动比较不同路径下的文件数目，然后选择在最少的日志路径下创建新的日志。Log Manager 不会尝试去移动分区，另外专门有一个后台线程定期裁剪过量的日志段。下面来看看这个类的构造函数参数：

1. logDirs：Log Manager 管理的多组日志目录。

2. topicConfigs：topic＝＞topic 的 LogConfig 的映射。

3. defaultConfig：一些全局性的默认日志配置。

4. cleanerConfig：日志压缩清理的配置。

5. ioThreads：每个数据目录都可以创建一组线程执行日志恢复和写入磁盘，这个参数就是这组线程的数目，由 num. recovery. threads. per. data. dir 属性指定。

6. flushCheckMs：日志磁盘写入线程，检查日志是否可以写入磁盘的间隔，默认是毫秒，由 log. flush. scheduler. interval. ms 属性指定。

7. flushCheckpointMs：Kafka 标记上一次写入磁盘结束点为一个检查点，用于日志恢复的间隔，由 log. flush. offset. checkpoint. interval. ms 属性指定，默认是 1min，Kafka 强烈建议不要修改此值。

8. retentionCheckMs：检查日志段是否可以被删除的时间间隔，由 log. retention. check. interval. ms 属性指定，默认是 5min。

9. scheduler：任务调度器，用于指定日志删除、写入、恢复等任务。

10. brokerState：Kafka Broker 的状态类（在 kafka. server 包中）。Broker 的状态默认有未运行（not running）、启动中（starting）、从上次未正常关闭恢复中（recovering from unclean shutdown）、作为 Broker 运行中（running as broker）、作为 Controller 运行中（running as controller）、挂起中（pending），以及关闭中（shuting down）。当然，Kafka 允许自订制状态。

11. time：和很多类的构造函数参数一样，是提供时间服务的变量。Kafka 在恢复日志的时候是借助检查点文件来进行的，因此每个需要进行日志恢复的路径下都需要有这样一个检查点文件，名称固定为"recovery－point－offset－checkpoint"。另外，由于在执行一些操作时需要将目录下的文件锁住，因此，Kafka 还创建了一个扩展名为 .lock 的文件用来标识这个目录当前是被锁住的。

第三章　计算机数据的基础处理技术

第一节　大数据清洗技术

数据清洗是数据预处理的重要部分，主要工作是检查数据的完整性及数据的一致性，对其中的噪声数据进行平滑，对丢失的数据进行填补，对重复数据进行消除等。

一、数据质量与数据清洗

要把繁杂的大数据变成一个完备的高质量数据集，清洗处理过程尤为重要。只有通过清洗之后，才能通过分析与挖掘得到可信的、可用于支撑决策的信息。高质量的数据有利于通过数据分析而得到准确的结果。

以往人们对数据的统计分析给予了足够多的关注，但有了高质量的数据之后，统计分析反而简单。统计分析关注数据的共性，利用数据的规律性进行处理，而数据清洗关注数据的个性，针对数据的差异性进行处理。有规律的数据便于统一处理，存在差异的数据难以统一处理，所以，从某种意义上说，数据清洗比统计分析更费时间、更困难。须对现有的数据进行有效的清洗、合理的分析，使之能够满足决策与预测服务的需求。

（一）数据质量提高技术

数据质量提高技术可以分为实例层和模式层两个层次。在数据库领域，关于模式层的应用较多，而在数据质量提高技术的角度主要关注根据已有的数据实例重新设计和改进模式的方法，即主要关注数据实例层的问题。数据清洗是数据质量提高的主要技术，数据清洗的目的是消除脏数据，进而提高数据的可利用性，主要是消除异常数据、清除重复数据、保证数据的完整性等。数据清洗的过程是指通过分析脏数据产生的原因和存在形式，构建数据清洗的模型和算法来完成对脏数据的清除，进而实现将不符合要求的数据转化成满足数据应用要求的数据，为数据分析与建模建立基础。

基于数据源数量的考虑，将数据质量问题可分为单数据源的数据质量问题和多数据源的数据质量问题，并进一步分为模式和实例两方面，如图3-1所示。

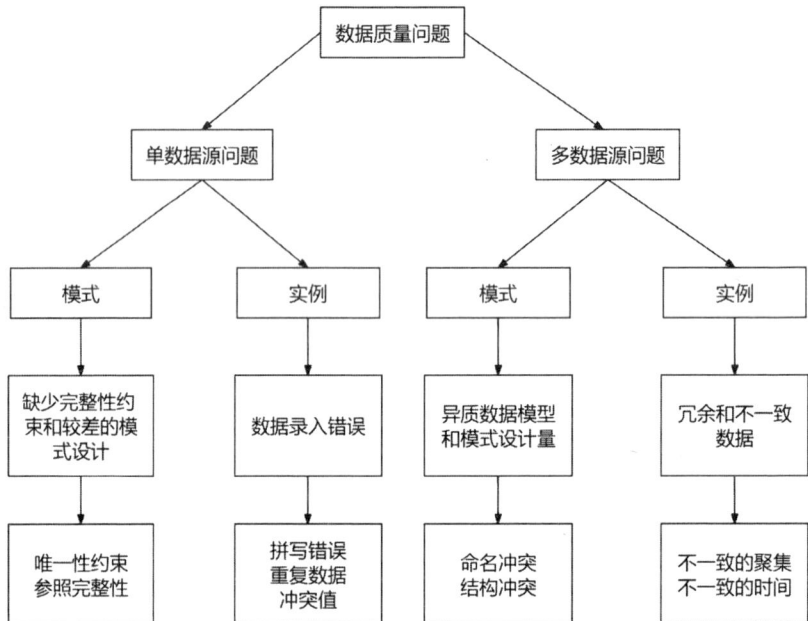

图 3-1   数据质量分类

1. 单数据源的数据质量

单数据源的数据质量问题可以分为模式层和实例层两类问题。

（1）模式层

一个数据源的数据质量取决于控制这些数据的模式设计和完整性约束。例如，文件就是由于对数据的输入和保存没有约束，进而可能造成错误和不一致。因此，出现模式相关的数据质量问题是因为缺乏合适的特定数据模型和特定的完整性约束。

（2）实例层

与特定实例问题相关的错误和不一致错误（例如拼写错误）不能在模式层得到预防。不唯一的模式层约束不能够防止重复的实例，例如同一现实实体的记录能够以不同的字段值输入两次。

（3）四种不同的问题

无论模式层的问题，还是实例层问题，都可以分成字段、记录、记录类型和数据源四种不同的问题：

①字段：错误仅局限于单个字段值中。

②记录：错误表现在同一个记录中不同字段值之间出现的不一致。

③记录类型：错误表现在同一个数据源中不同记录之间出现的不一致。

④数据源：错误表现在同一个数据源中的某些字段和其他数据源中相关值出现的不一致。

2. 多数据源的质量问题

在多个数据源情况下，上述问题表现更为严重，这是因为每个数据源都是为了特定的应用而单独开发、部署和维护，进而导致数据管理、数据模型、模式设计和产生的实际数据的不同。

（1）模式层

在模式层，模式设计的主要问题是命名冲突和结构冲突。

①命名冲突。命名冲突主要表现为不同的对象使用同一个命名和同一对象可能使用多个命名。

②结构冲突。结构冲突存在许多不同的情况，一般是指不同数据源中同一对象有不同的表示，如不同的组成结构、不同的数据类型、不同的完整性约束等。

（2）实例层

除了模式层冲突，也出现了许多实例层冲突，即数据冲突。

①由于不同的数据源中的数据表示可能不同，单数据源中的问题在多数据源中都可能出现，例如重复记录、冲突的记录等。

②在整个的数据源中，尽管有时不同的数据源中有相同的字段名和类型，但仍可能存在不同的数值表示，例如对性别的描述，数据源 A 中可能用 0/1 来描述，数据源 B 中可能用 F/M 来描述；或者对一些数值的不同表示，例如数据源 A 采用美元作为度量单位，而数据源 B 采用欧元作为度量单位。

③不同数据源中的信息可能表示在不同的聚集级别上，例如一个数据源中的信息可能指的是每种产品的销售量，而另一个数据源中的信息可能指的是每组产品的销售量。

3. 实例层数据清洗

数据清洗主要研究如何检测并消除脏数据，以提高数据质量。数据清洗的研究主要是从数据实例层的角度考虑来提高数据质量。

数据清洗是利用有关技术，如数理统计、数据挖掘或预定义的清理规则将脏数据转化为满足数据质量要求的数据，如图 3-2 所示。

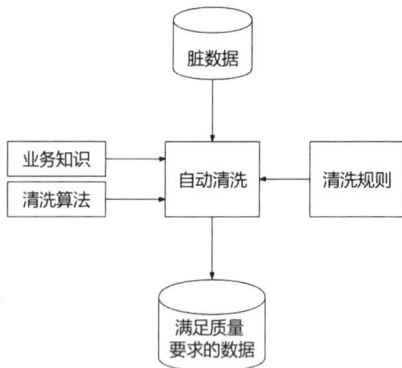

图 3-2　数据清洗

（二）数据清洗算法的标准

数据清洗是一项与领域密切相关的工作，由于各领域的数据质量不一致、充满复杂性，所以还没有形成通用的国际标准，只能根据不同的领域制定不同的清洗算法。数据清洗算法的衡量标准主要包含下述几方面：

1. 返回率

返回率是指重复数据被正确识别的百分率。

2. 错误返回率

错误返回率是指错误数据占总数据记录的百分比。

3. 精确度

精确度是指算法识别出的重复记录中的正确的重复记录所占的百分比，计算方法如下：

$$精确度 = 100\% - 错误返回率$$

（三）数据清洗的过程与模型

1. 数据清洗的基本过程

数据清洗的主要步骤如下：

S1：数据分析。在数据清洗之前，对数据进行分析，对数据的质量问题有更为详细的了解，从而更好地选取方法来设计清洗方案。

S2：定义清洗规则。通过数据分析，掌握了数据质量的信息后，针对各类问题制定清洗规则，如对缺失数据进行填补策略选择。

S3：规则验证。检验清洗规则的效率和准确性。在数据源中随机选取一定数量的样本进行验证。

S4：清洗验证。当不满足清洗要求时要对清洗规则进行调整和改进。真正的数据清洗过程中需要多次迭代地进行分析、设计和验证，直到获得满意的清洗规则。它们的质量决定了数据清洗的效率和质量。

S5：清洗数据中存在的错误。执行清洗方案，对数据源中的各类问题进行清洗操作。

S6：干净数据的回流。执行清洗方案后，将清洗后符合要求的数据回流到数据源中。

2. 数据清洗的主要模型

数据清洗的主要模型包括：基于聚类模式的数据清洗模型、基于粗糙集理论数据清洗模型、基于模糊匹配数据清洗模型、基于遗传神经网络数据清洗模型和基于专家系统的数据清洗模型等。虽然利用这些模型可以完成不同程度的数据清洗，但是都存在一些不足。例如，聚类模式的数据清洗模型直接检测异常数据作用不显著，而且耗时，不适于在记录条数多时检测异常数据。

（1）在运用聚类算法的基础之上，使用给予模式的方法，即每个字段使用欧式距离，类别 k-Means 算法，仅检测到较少数的记录（30%）满足超过90%字段的模式。

（2）经典的关联规则难以发现异常，但数量型关联规则、序数规则能够较好地检测异常与错误。

二、不完整数据清洗

不完整数据清洗是指对缺失值的填补。准确填补缺失值与填补算法密切相关，在这里，介绍常用的不完整数据的清洗方法。

（一）基本方法

1. 删除对象方法

如果在信息表中含有缺失信息属性值的对象（元组，记录），那么将缺失信息属性值的对象（元组，记录）删除，从而得到一个不含有缺失值的完备信息表。这种方法虽然简单易行，但只在被删除的含有缺失值的对象与信息表中的总数据量相比非常小的情况下有效。这种方法是以减少历史数据来换取信息的完备，导致了资源的大量浪费，丢弃了大量隐藏在这些对象中的信息。在信息表中的对象很少的情况下，删除少量对象将严重影响信息表信息的客观性和结果的正确性。当每个属性空值的百分比变化很大时，它的性能非常差。因此，当缺失数据所占比例较大，特别当缺失数据非随机分布时，这种方法可能导致数据发生偏离，从而引出错误的数据分析与挖掘结论。

2. 数据补齐方法

数据补齐方法是用某值去填充空缺值，从而获得完整数据的方法。通常基于统计学原理，根据决策表中其余对象取值的分布情况来对一个缺失值进行填充，例如用其余属性的平均值或中位值等来进行填充。缺失值填充方法主要分为单一填补法和多重填补法，其中单一填补法是指对缺失值，构造单一替代值来填补，常用的方法有取平均值或中间数填补法、回归填补法、最大期望填补法、就近补齐填补法等方法，采用了与有缺失的观测最相似的那条观测的相应变量值作为填充值。单值填充方法不能反映原有数据集的不确定性，会造成较大的偏差。多重填补法是指用多个值来填充，然后用针对完整数据集的方法进行分析得出综合的结果，比较常用的有趋势得分法等。这类方法的优点在于通过模拟缺失数据的分布，可以较好地保持变量间的关系；其缺点在于计算复杂。填补缺失值主要是为了防止数据分析时由于空缺值导致的分析结果偏差。但这种填补方法对于填补单个数据只具有统计意义，不具有个体意义。

（1）特殊值填充

特殊值填充是将空值作为一种特殊的属性值来处理，它不同于其他任何属性值。例如所有的空值都用未知填充。这可能导致严重的数据偏离，一般不使用。

（2）平均值填充

平均值填充将信息表中的属性分为数值属性和非数值属性来分别进行处理。如果空值是数值型的，就根据该属性在其他所有对象的取值的平均值或中位数来填充该缺失的属性值；如果空值是非数值型的，就根据统计学中的众数原理（众数是一组数据中出现次数最多的数值），用该属性在其他所有对象的取值次数最多的值（即出现频率最高的值）来补齐该缺失的属性值。另外有一种与其相似的方法叫条件平均值填充法。在该方法中，缺失属性值的补齐同样是靠该属性在其他对象中的取值求平均得到，但不同的是用于求平均的值并不是从信息表所有对象中取，而是从与该对象具有相同决策属性值的对象中取得。这两种数据的补齐方法基本出发点都是一样的，以最大概率可能的取值来补充缺失的属性值，只是在具体方法上有一点不同。与其他方法相比，平均值填充是用现存数据的多数信息来推测缺失值。

（3）就近补齐

就近补齐对于一个包含空值的对象，在完整数据中找到一个与它最相似的对象，然后用这个相似对象的值来进行填充。不同的问题可能选用不同的标准来对相似进行判定。该方法简单，利用了数据间的关系来进行空值估计；其缺点是难以定义相似标准，主观因素较多。

（4）K 最近距离邻法填充

K 最近距离邻法填充首先是根据欧式距离或相关分析来确定距离具有缺失数据样本最近的 K 个样本，将这 K 个值加权平均来估计该样本的缺失数据。这种方法与均值插补的方法一样，都属于单值插补，不同的是它用层次聚类模型预测缺失变量的类型，再以该类型的均值插补。假设 $X = (x_1, x_2, \cdots, x_p)$ 为信息完全的变量，Y 为存在缺失值的变量，那么首先对 X 或其子集进行聚类，然后按缺失个案所属类来插补不同类的均值。

（5）回归法

基于完整的数据集来建立回归模型。对于包含空值的对象，将已知属性值代入方程来估计未知属性值，以此估计值来进行填充。当变量不是线性相关或预测变量高度相关时会导致有偏差的估计。

回归法使用所有被选入的连续变量为自变量，存在缺失值的变量为因变量建立回归方程，使用此方程对因变量相应的缺失值进行填充，具体的填充数值为回归预测值加上任意一个回归残差，以使它更接近实际情况。当数据缺失比较少，缺失机制比较明确时可以选用这种方法。

（二）基于 k -NN 近邻缺失数据的填充算法

k -NN 近邻缺失数据的填充算法是一种简单快速的算法，它利用本身具有完整记录的属性值实现对缺失属性值的估计。

1. 设 k -NN 分类的训练样本用 n 维属性描述，每个样本代表 n 维空间的一个点，所有的训练样本都存放在 n 维模式空间中。

2. 给定一个未知样本，k -NN 分类法搜索模式空间，找出最接近未知样本的 k 个训练样本。这表明 k 个训练样本是未知样本的 k 个近邻。临近性用欧氏距离

定义，二维平面上两点 $a(x_1, y_1)$ 与 $b(x_2, y_2)$ 间的欧氏距离

$$d_{12} = \sqrt{(x_1 - x_2)^2 + (y_1 - y_2)^2}$$

三维空间两点 $a(x_1, y_1, z_1)$ 与 $b(x_2, y_2, z_2)$ 间的欧氏距离

$$d_{12} = \sqrt{(x_1 - x_2)^2 + (y_1 - y_2)^2 + (z_1 - z_2)^2}$$

两个 n 维向量 $a(x_{11}, x_{12}, \cdots, x_{1n})$ 与 $b(x_{21}, x_{22}, \cdots, x_{2n})$ 间的欧氏距离

$$d_{12} = \sqrt{\sum_{k=1}^{n} (x_{1k} - x_{2k})^2}$$

也可以使用向量运算的形式：

$$d_{12} = \sqrt{(a - b)(a - b)^T}$$

3. 设 z 是需要测试的未知样本，所有的训练样本 $(x, y) \in D$，未知样本的最临近样本集设为 D_z。

基于 k-NN 近邻缺失数据的填充算法如下：

S1：k 是最临近样本的个数，D 是训练样本集。通过对数据做无量纲处理（标准化处理），来消除量纲对缺失值清洗的影响。这是对原始数据的线性变换，使结果映射到 [0，1] 区间。

对序列 $x_1, x_2, \cdots, x_n$ 进行变换：

$$y_i = \frac{x_i - \min_{1 \leqslant i \leqslant n} \{x_j\}}{\max_{1 \leqslant j \leqslant n} \{x_j\} - \min_{1 \leqslant i \leqslant n} \{x_j\}}$$

则新序列 $y_1, y_2, \cdots, y_n \in [0，1]$ 且无量纲。

S2：计算未知样本与各个训练样本 (x, y) 之间的距离 d，得到距离样本 z 最临近的 k 个训练样本集 D_z。

S3：确定了测试样本的 k 个近邻后，根据这 k 个近邻相应的字段值的均值来替换该测试样本的缺失值。

例如，采集数据缺失值填充过程如下：

在数据采集过程中，由于数据产生环境复杂，缺失值的存在不可避免。例如，表 3-1 是一组采集数据，可以发现序号 2 及序号 4 在字段 1 上存在缺失值，即出现了"-"，在数据集较大的情况下，往往对含缺失值的数据记录做丢弃处理，也可以使用上述的基于 k-NN 近邻缺失数据的填充算法来填充这一缺失值。

S1：首先对这个数据集各个字段值做非量纲化，消除字段间单位不统一的影响，得到标准化的数据矩阵，如表 3-2 所示。

表 3-1 带有缺失值的采集数据集表

序号	字段 1	字段 2	字段 3
1	86	7300487	73
2	缺失值	4013868	67
3	189	173228617	75
4	缺失值	15300886	64
5	66	16186008	69
6	151	17015021	69
7	203	19464726	63
8	128	2089545	64
9	400	4555990	69
10	303	49001008	69
…	…	…	…
9547	87	9286467	63
9545	388	17339129	130

表 3-2 非量纲化的采集数据集

序号	字段 1	字段 2	字段 3
1	86	7300487	73
2	—	4013868	67
3	189	173228617	75
4	—	15300886	64
5	66	16186008	69
6	151	17015021	69
7	203	19464726	63
8	128	2089545	64
9	400	4555990	69
10	303	49001008	69
…	…	…	…
9547	87	9286467	63
9545	388	17339129	130

S2：取 K 值为 5，计算序号 2 与其他不包含缺失值的数据点的距离矩阵，选

出欧氏距离最近的 5 个数据点，即 D_5，如表 3-3 所示。

表 3-3　选出欧氏距离最近的 5 个数据点

序号	欧式距离（升序）
7121	3.54E-12
3616	3.54E-12
5288	3.56E-12
812	3.58E-12
356	3.58E-12
…	…

S3：对含缺失值"-"的序号 2 数据做 K 近邻填充，用这 5 个近邻的数据点对应的字段均值来填充序号 2 中的"-"值。得到序号 2 的完整数据如下：

2	58	4013868	67

三、异常数据清洗

当个别数据值偏离预期值或大量统计数据值结果的情况时，如果将这些数据值和正常数据值放在一起进行统计，可能会影响实验结果的正确性；如果将这些数据简单地删除，又可能忽略了重要的实验信息。数据中的异常值的存在十分危险，对后面的数据分析危害巨大，应该重视异常数据的检测，并分析其产生的原因之后，做适当的处理。

（一）异常值产生的原因

1. 异常值产生的原因

（1）数据来源于不同的类：某个数据对象可能不同于其他数据对象（即出现异常值），又称离群点，它属于一个不同的类型或类。离群点定义为一个观测值，它与其他观测值的差别如此之大，以至于怀疑它是由不同的机制产生的。

（2）自然变异：许多数据集可以用一个统计分布建模，如正态（高斯）分布建模，其中数据对象的概率随对象到分布中心距离的增加而急剧减少。换言之，大部分数据对象靠近中心（平均对象），数据对象显著地不同于这个平均对象的似然性很小。

（3）数据测量和收集误差：数据收集和测量过程中的误差是另一个异常源。

剔除这类异常是数据预处理的关注点。

2. 异常检测方法分类

（1）基于模型的技术：许多异常检测技术首先建立一个数据模型。异常是那些同模型不能完美拟合的对象。

（2）基于邻近度的技术：通常可以在对象之间定义邻近性度量，并且许多异常检测方法都基于邻近度。异常对象是那些远离大部分其他对象的对象，这一邻域的许多技术都基于距离，称作基于距离的离群点检测技术。

（3）基于密度的技术：对象的密度估计可以相对直接地计算，特别是当对象之间存在邻近度度量时。在密度区域中的对象相对远离近邻，可能被看作异常。

（二）统计方法

统计学方法是基于模型的方法，即为数据创建一个模型，并且根据对象拟合模型的情况来评价所建立的模型。离群点检测的统计学方法是基于构建一个概率分布模型，并考虑对象有多大可能符合该模型。统计判别法是给定一个置信概率，并确定一个置信限，凡超过此限的误差，就认为它不属于随机误差范围，将其视为异常值剔除。

拉依达准则又称为 3σ 准则，首先假设一组检测数据只含有随机误差，对其进行计算处理得到标准偏差，按一定概率确定一个区间，凡超过这个区间的误差，就不属于随机误差而是粗大误差，含有粗大误差的数据应予以删除。

正态曲线是一条中央高，两侧逐渐下降、低平，两端无限延伸，与横轴相靠而不相交，左右完全对称的钟形曲线。正态分布是指靠近均数分布的频数最多，离开均数越远，分布的数据越少，左右两侧基本对称。

正态分布又名高斯分布，在正态分布中 σ 代表标准差，μ 代表均值 $x = \mu$，即为图像的对称轴，3σ 原则即为：

数值分布在（$\mu - \sigma$，$\mu + \sigma$）中的概率为 0.682 6。

数值分布在（$\mu - 2\sigma$，$\mu + 2\sigma$）中的概率为 0.954 6。

数值分布在（$\mu - 3\sigma$，$\mu + 3\sigma$）中的概率为 0.997 3。

如果实验数据值的总体 x 是服从正态分布的，则

$$P(\mid x - u \mid > 3\sigma) < 0.003$$

其中，μ 与 σ 分别表示正态总体的数学期望和标准差。此时，在实验数据值

中出现大于 $\mu + 3\sigma$ 或小于 $\mu - 3\sigma$ 数据值的概率是很小的，将正态曲线和横轴之间的面积看作 1，可以计算出上下规格界限之外的面积，该面积就是出现缺陷的概率。正态分布在 $(\mu + 3\sigma, \mu - 3\sigma)$ 以外的取值概率不到 0.3%，几乎不可能发生，称为小概率事件，因此，根据上式对于大于 $\mu + 3\sigma$ 或小于 $\mu - 3\sigma$ 的实验数据值作为异常值处理。

在这种情况下，异常值是指一组测定值中与平均值的偏差超过两倍标准差的测定值。将与平均值的偏差超过三倍标准差的测定值称为高度异常的异常值。在处理数据时，应删除高度异常的异常值。在统计检验时，指定为检出异常值的显著性水平 $\alpha = 0.05$ 称为检出水平；指定为检出高度异常的异常值的显著性水平 $\alpha = 0.01$ 称为舍弃水平，又称剔除水平。

（三）基于邻近度的离群点检测

一般情况下，利用数据分布特征或业务理解来识别单维数据集中的异常数据快捷有效，但对于聚合程度高、彼此相关的多维数据，通过数据分布特征或业务理解来识别异常数据的方法便显得无能为力。面对这种情况，聚类方法是识别多维数据集中的异常数据的有效方法。

很多情况下，基于整个记录空间聚类，能够发现在字段级检查未被发现的孤立点。聚类就是将数据集分组为多个类或簇，在同一个簇中的数据对象（记录）之间具有较高的相似度，而不同簇中的对象的差别就比较大。将散落在外、不能归并到任何一类中的数据称为孤立点或奇异点。对于孤立或是奇异的异常数据值进行剔除处理。

如果一个对象远离大部分点，将是异常的。这种方法比统计学方法更一般、更容易使用，因为确定数据集的有意义的邻近性度量比确定它的统计分布更容易。一个对象的离群点得分由到它的 k-最近邻的距离给定。离群点得分对 k 的取值高度敏感。如果 k 太小（例如 1），则少量的邻近离群点可能导致较低的离群点得分；如果 k 太大，则点数少于 k 的簇中所有的对象可能都成了离群点。为了使该方案对于 k 的选取更具有健壮性，可以使用 k 个最近邻的平均距离。

度量一个对象是否远离大部分点的一种最简单的方法是使用到 k-最近邻的距离。离群点得分的最低值是 0，而最高值是距离函数的可能最大值，一般为无穷大。一个对象离群点得分由到它的 k-最近邻的距离给定。

第二节 大数据去噪与标准化

在数据预处理过程中，可以根据需要通过数据转换构造出数据的新属性，使之更有助于理解与处理数据，也就是说，数据转换可将原始数据转换成适合数据分析的形式。数据转换时如果处理不当，将严重扭曲数据本身的内涵，改变数据原本形态。

一、基本的数据转换方法

（一）对数转换

将原始数据的自然对数值作为分析数据，如果原始数据中有零，可以在底数中加上一个小数值。这种转换适用于如下情况：

1. 部分正偏态数据

在统计学上，众数和平均数之差可作为分配偏态的指标之一。偏态（或者偏度）就是次数分布的非对称程度，是测定一个次数分布的非对称程度的统计指标。相对于对称分布，偏态分布有两种：一种是左向偏态分布，简称左偏；另一种是右向偏态分布，简称右偏。

当实际分布为右偏时，测定出的偏度值为正值，因而右偏又称正偏。当实际分布为左偏时，测定出的偏度值为负值，所以左偏又称负偏。

如平均数大于众数，称为正偏态；相反，则称为负偏态。

代数式的次数单项式中，字母的指数和叫作这个单项式的次数。如 abc 的次数是 3。多项式中，次数最高的项的次数叫作这个多项式的次数，如 $3-x^2+y^7$ 次数是 7。不含字母的项叫常数项，次数为 0。

2. 等比数据

等比数据可以进行加减乘除运算，可以用乘除法处理数据，以便对不同个体的测量结果进行比较，并做比率性描述。

3. 各组数值和均值比值相差不大的数据

对数转换适于各组数值和均值之比差距较小的数据。

（二）平方根转换

平方根转换适用于泊松分布的数据、轻度偏态数据、样本的方差和均数呈正相关的数据、变量的所有个案为百分数并且取值为 0%～20% 或者 80%～100% 的数据。

其中，泊松分布是一种统计与概率学中常用的离散概率分布，在管理科学、运筹学以及自然科学的某些问题中都占有重要的地位。

（三）平方转换

平方转换适用于方差和均数的平方呈反比、数据呈左偏的场景。

（四）倒数变换

倒数变换适用情况：与平方转换相反，需要方差和均数的平方呈正比，但是，倒数转换需要数据中没有接近或者小于零的数据。

二、数据平滑技术

噪声是指测量数据中的随机错误和偏差，通过数据平滑技术可以除去噪声。

数据平滑是数据转换的重要方式之一。通常将完成数据平滑的方法称为数据平滑法，又称数据光滑法或数据递推修正法。

数据平滑法的处理过程是将获得的实际数据和原始预测数据加权平均，进而去掉数据中的噪声，使得预测结果更接近于真实情况。数据平滑法是趋势法或时间序列法的一种具体应用，平滑方法主要分为移动平均法和指数平滑法两种。

（一）移动平均法

移动平均法是预测将来某一时期的平均预测值的一种方法。该方法按对过去若干历史数据求算术平均数，并把该数据作为以后时期的预测值。移动平均法分为一次移动平均法、二次移动平均法和多次移动平均法，在这里仅介绍一次移动平均法和二次移动平均法。

1. 一次移动平均法

（1）一次移动平均法的计算过程

一次移动平均法是针对一组观察数据，计算其平均值，并利用这一平均值作为下一期的预测值。时间序列的数据是按照一定跨越期进行移动，逐个计算其移动平均值，将获得的最后一个移动平均值作为预测值。

一次移动平均法是直接以本期（例如 t 期）移动平均值作为下期（$t+1$ 期）预测值的方法。在移动平均值的计算过程中，必须一开始就需要明确规定观察值的实际个数。每出现一个新观察值，就要从移动平均中减去一个最早观察值，再加上一个最新观察值来计算移动平均值，这一新的移动平均值作为下一期的预测值。设时间序列为 x_1，x_2，…，一次移动平均法的计算公式为

$$x_{t-1}' = M_t^{(1)} = (x_{t-1} + \cdots + x_{t-n+1})/n$$

其中，x'_{t+1}：为第 $t+1$ 期的预测值；x_t 为第 t 期的观察值；$M_t^{(1)}$ 为第 t 期一次移动平均值；n 为跨越期数，即参加移动平均的历史数据的个数。

一次移动平均法一般适用于时间序列数据是水平型变动的预测，不适用于明显的长期变动趋势和循环型变动趋势的时间序列预测。

（2）一次移动平均法的特点

预测值是距离预测期最近的一组历史数据（实际值）平均的结果。

参加平均的历史数据的个数（即跨越期数）固定不变。

参加平均的一组历史数据随着预测期的向前推进而不断更新，每当吸收一个新的历史数据参加平均时，就剔除原来一组历史数据中距离预测期最远的那个历史数据。

（3）一次移动平均法的优点

计算量少。

移动平均线能较好地反映时间序列的趋势及其变化。

（4）一次移动平均法的两种极端情况

在移动平均值的计算中，过去观察值的实际个数为 1，即 $n=1$，这时用最新的观察值作为下一期的预测值。

过去观察值的实际个数为 n，这时利用全部 n 个观察值的算术平均值作为预测值。

当数据的随机因素较大时，可以选用较大的 n，这样可以较大地平滑由随机性所带来的严重偏差；反之，当数据的随机因素较小时，可以选用较小的 n，这样有利于跟踪数据的变化，并且预测值滞后的期数也少。

（5）一次移动平均法的限制

计算移动平均必须具有 n 个过去观察值，当需要预测大量的数值时，就必须存储大量数据。

n 个过去观察值中每一个权数都相等，而早于（$t-n+1$）期的观察值的权数等于 0，实际上最新观察值通常包含更多信息，应具有更大权重。

2. 二次移动平均法

一次移动平均法仅适用于没有明显的迅速上升或下降趋势的情况。如果时间数列呈直线上升或下降趋势，则需要使用二次移动平均法。二次移动平均法就是在一次移动平均的基础上再进行一次移动平均。

二次移动平均法是以历史数据为基础，按时间顺序分段反映后期的变化趋势。其优点是重视商品因不同销售周期变化而销售产生变化的趋势；其劣势是忽视了因价格、气候、季节变化等对销售的影响。

二次移动平均算法的描述如下：

S1：首先根据历史销售记录 X_t 计算一次移动平均值 M_t

$$M_t = (X_t + X_{t-1} + X_{t-2} + \cdots + X_{t-n+1}) / n$$

S2：在一次移动平均值基础上计算二次移动平均值 M'_t

$$M'_t = (M_t + M_{t-1} + X_{t-2} + \cdots + M_{t-n+1}) / n$$

S3：分别计算方程系数 A_t，B_t

$$A_t = 2M_t - M'_t$$

$$B_t = 2(M_t - M'_t) / (n - 1)$$

S4：计算销售预测值 $Y_t + T$

$$Y_t + T = A_t + B_t T$$

其中，X_t 为第 t 期实际销售，一般为某一时段内平均值；M_t 为第 t 期移动平均值；n 为进行移动平均时所包含的时段数；M'_t 在 M_t 基础上二次移动的平均值；$A_t B_t$ 为线性方程的系数；T 为待预测的月份；$Y_t + Y$ 为价格预测值。

（二）指数平滑法

指数平滑法是生产预测中常用的一种方法，也用于中短期经济发展趋势预测。指数平滑法由布朗（Robert G. Brown）提出，布朗认为时间序列的态势具有稳定性或规则性，所以时间序列可被合理地顺势推延；他认为最近的过去态势，在某种程度上会持续到未来，所以将最近的数据赋予较大的权数。

1. 指数趋势分析

指数趋势分析的具体方法是：在分析连续几年的报表时，以其中一年的数据为基期数据（通常是以最早的年份为基期），将基期的数据值定为100，其他各年的数据转换为基期数据的百分数，然后比较分析相对数的大小，得出有关项目的趋势。

当使用指数时，要注意由指数得到的百分比的变化趋势都是以基期为参考，是相对数的比较，这样就可以观察多个期间数值的变化，得出一段时间内数值变化的趋势。这个方法不但适用过去的趋势推测将来的数值，还可以观察数值变化的幅度，找出重要的变化，为下一步的分析指明方向。

指数平滑法是生产预测中经常使用的一种方法，适用于中短期发展趋势预测。简单的全期平均法是对时间数列的过去数据全部加以同等利用，移动平均法则不考虑较远期的数据，并在加权移动平均法中给予近期数据更大的权重，而指数平滑法则兼容了全期平均和移动平均所长，不舍弃过去的数据，但是仅给予逐渐减弱的影响程度，即随着数据的远离，赋予逐渐收敛为零的权数。

指数平滑法是在移动平均法基础上发展起来的一种时间序列分析预测法，通过计算指数平滑值，配合一定的时间序列预测模型对现象的未来进行预测。

2. 指数平滑法的计算公式

指数平滑法的任一期的指数平滑值都是本期实际观察值与前一期指数平滑值的加权平均。

指数平滑法的基本公式为

$$S_t = \alpha y_t + (1 - \alpha)S_t - 1$$

其中，S_t 为时间 t 的平滑值；y_{t_0} 为时间 t 的实际值；S_{t-1} 为时间 $t-1$ 的平滑值；α 为平滑常数，其取值范围为 $[0, 1]$。

由上述公式可知：S_t 是 y_t 和 S_{t-1} 的加权算数平均数，随着 α 取值的变化，决定 y_t 和 S_{t-1} 对 S_t 的影响程度，当 α 取 1 时，$S_t = y_t$；当 α 取 0 时，$S_t = S_{t-1}$。

S_t 具有逐期追溯性质，一直探源至 S_{t-n+1} 为止，这个过程包括了全部数据。在其过程中，平滑常数以指数形式递减，所以将其称为指数平滑法。指数平滑常数取值至关重要。平滑常数决定了平滑水平以及对预测值与实际结果之间差异的响应速度。平滑常数 α 越接近于 1，则远期实际值对本期平滑值影响程度的下降越迅速；平滑常数 α 越接近于 0，则远期实际值对本期平滑值影响程度的下降越缓慢。由此，当时间数列相对平稳时，可取较大的 α；当时间数列波动较大时，应取较小的 α，这样可以不忽略远期实际值的影响。在实际预测中，平滑常数的值选择取决于产品本身和管理者对响应率内涵的理解。

尽管 S_t 包含了全期数据的影响，但实际计算时，仅需要两个数值，即 y_t 和 S_{t-1}，再加上一个常数 α，这就使指数滑动平均具有逐期递推性质，进而给预测带来了极大的方便。

根据公式 $S_t = \alpha y_1 + (1 - \alpha)S_0$，当使用指数平滑法时才开始收集数据，就不存在 y_0。无从产生 S_0，自然无法根据指数平滑公式求出 S_1，指数平滑法定义 S_1 为初始值。初始值的确定也是指数平滑过程的一个重要条件。

如果能够找到 y_1 以前的历史数据，那么，可以确定初始值 S_1。当数据较少时，可用全期平均或移动平均法；当数据较多时，可用最小二乘法。但不能使用指数平滑法本身确定初始值。

如果仅有从 y_1 开始的数据，那么确定初始值的方法包括：

·取 S_1 等于 y_1；

·当积累若干数据之后，取 S_1 等于前面若干数据的简单算术平均数，如 $S_1 = (y_1 + y_2 + y_3)/3$ 等。

3. 三种指数平滑法

根据平滑次数不同，指数平滑法分为一次指数平滑法、二次指数平滑法和三次指数平滑法等。

（1）一次指数平滑法

当时间数列无明显的趋势变化时，可用一次指数平滑法来预测。其预测公式为

$$y'_{t+1} = \alpha y_t + (1 - \alpha)y'_t$$
$$S_t = \alpha y_t + (1 - \alpha)S_{t-1}$$

式中，y_{t+1}' 为 $t+1$ 期的预测值，即本期（t 期）的平滑值 S_t；y_t 为 t 期的实际值；y'_t 为 t 期的预测值，即上期的平滑值 S_{t-1}。

该公式又可以写作 $y'_{t+1} = y'_t + \alpha(y_t - y'_t)$。可以看出，下期预测值又是本期预测值与以 α 为折扣的本期实际值与预测值误差之和。

（2）二次指数平滑法

二次指数平滑是对一次指数平滑的再平滑。它适用于具线性趋势的时间数列。其预测公式为

$$y_{t+m} = (2 + \alpha m/(1 - \alpha))y'_t - (1 + \alpha m/(1 - \alpha))y_t$$
$$= (2y'_t - y_t) + m(y'_t - y_t)\alpha/(1 - \alpha)$$

式中，$y_t = \alpha y'_{t-1} + (1 - \alpha)y_{t-1}$。

显然，二次指数平滑是一直线方程，其截距为 $(2y'_t - y_t)$，斜率为 $(y'_t - y_t)\alpha/(1 - \alpha)$，自变量为预测天数。

（3）三次指数平滑法

三次指数平滑是在二次平滑基础上的再平滑。其预测公式是

$$y_{t+m} = (3y'_t - 3y_t + y_t) + [(6 - 5\alpha)y'_t - (10 - 8\alpha)y_t + (4 - 3\alpha)y_t]$$
$$\times \alpha m/2 (1 - \alpha)^2 + (y'_t - 2y_t + y'_t) \times \alpha^2 m^2/2 (1 - \alpha)^2$$

式中，$y_t = \alpha y_{t-1} + (1 - \alpha)y_{t-1}$。

其基本思想是：预测值是以前观测值的加权和，且对不同的数据给予不同的权，新数据给予较大的权，旧数据给予较小的权。

4. 模型选择

指数平滑法的预测模型为：初始值的确定，即第一期的预测值。一般原数列的项数较多时（大于15项），可以选用第一期的观察值或选用比第一期靠前一期的观察值作为初始值。如果原数列的项数较少时（小于15项），可以选取最初几期（一般为前三期）的平均数作为初始值。指数平滑方法的选用，一般可根据原数列散点图显现的趋势来确定。如果是直线趋势，则选用二次指数平滑法；如果是抛物线趋势，则选用三次指数平滑法。如果时间序列的数据经二次指数平滑处理后仍有曲率，则应用三次指数平滑法。

5. 系数 α 的确定

指数平滑法的计算中，关键是 α 的取值大小，但 α 的取值又容易受主观影响，因此合理确定 α 的取值方法十分重要。一般来说，如果数据波动较大，α 值应取大一些，可以增加近期数据对预测结果的影响。如果数据波动平稳，α 值应取小一些。理论界一般认为可用经验判断法来做出判断。这种方法主要依赖时间序列的发展趋势和预测者的经验做出判断。

（1）当时间序列呈现较稳定的水平趋势时，应选较小的 α 值，一般可在 0.05~0.20 之间取值。

（2）当时间序列有波动，但长期趋势变化不大时，可选稍大的 α 值，常在 0.1~0.4 之间取值。

（3）当时间序列波动很大，长期趋势变化幅度较大，呈现明显且迅速的上升或下降趋势时，宜选择较大的 α 值，如可在 0.6~0.8 间选值，以使预测模型灵敏度高些，能迅速跟上数据的变化。

（4）当时间序列数据是上升或下降的趋势时，α 应取较大的值，在 0.6~1 之间。

根据具体时间序列情况，参照经验判断法，来大致确定额定的取值范围，然

后取几个 α 值进行试算，比较不同 α 值下的预测标准误差，选取预测标准误差最小的 α。

在实际应用中预测者应结合对预测对象的变化规律做出定性判断且计算预测误差，并要考虑到预测灵敏度和预测精度是相互矛盾的，必须给予二者一定的考虑，采用折中的 α 值。

（三）分箱平滑法

分箱平滑法是一种数据局部平滑方法，它是通过考察周围的数据来平滑存储数据。用箱的深度来表示不同箱中相同个数的数据，用箱的宽度来表示箱中每个数值的取值区间为常数。

1. 分箱平滑法示例

数据装入箱之后，可以用箱内数值的平均值、或中位数、或边界值来替代该分箱内各观测的数值，由于分箱考虑相邻的数值，因此，按照取值的不同可将其划分为按箱平均值平滑、按箱中值平滑以及按箱边界值平滑。

分箱平滑法举例说明如下。

例如，假设有 8，24，15，41，7，10，18，67，25 等 9 个数，分为 3 箱。

箱 1：8，24，15；

箱 2：41，7，10；

箱 3：18，67，25。

分别用三种不同的分箱法求出平滑存储数据的值：

（1）按箱平均值求得平滑数据值

箱 1：16，16，16，平均值是 16，这样该箱中的每一个值被替换为 16。

（2）按箱中值求得平滑数据值

箱 2：6，7，8 的中值（中位数）是 7，可以按箱中值平滑，此时，箱中的每一个值被箱中的中值 7 替换。

（3）按箱边界值求得平滑数据值

箱 3：18，18，25，箱中的最大和最小值作为箱边界。箱中的观测值 67 被最近的边界值 18 替换。

通过不同分箱方法求解的平滑数据值，就是同一箱中 3 个数的存储数据的值。

例如，某个自变量的观测值为 1，2.1，2.5，3.4，4，5.6，7，7.4，8.2。

假设将它们分为三个分箱，（1，2.1，2.5），（3.4，4，5.6），（7，7.4，8.2），那么使用分箱均值替代后所得值为（1.87，1.87，1.87），（4.33，4.33，4.33），（7.53，7.53，7.53），使用分箱中位数替代后所得值为（2.1，2.1，2.1），（4，4，4），（7.4，7.4，7.4），使用边界值替代后所得值为（1，2.5，2.5），（3.4，3.4，5.6），（7，7，8.2）（每个观测值由其所属分箱的两个边界值中较近的值替代）。

2. 数据分箱法适用范围

①某些自变量在测量时存在随机误差，需要对数值进行平滑以消除噪声。

②对含有大量不重复取值的自变量，使用<、>、=等基本操作符的算法来说，如果能够减少不重复取值的个数，那么就能够提高算法的速度。

③只能使用分类自变量的算法，需要把数值变量离散化。

3. 分箱法的类型

①无监督分箱。假设要将某个自变量的观测值分为 k 个分箱。

等宽分箱：将变量的取值范围分为 k 个等宽的区间，每个区间当作一个分箱。

等频分箱：把观测值按照从小到大的顺序排列，根据观测的个数等分为 k 部分，每部分当作一个分箱，例如，数值最小的 $1/k$ 比例的观测形成第一个分箱。

基于 k 均值聚类的分箱：使用 k 均值聚类法将观测值聚为 k 类，但在聚类过程中需要保证分箱的有序性，第一个分箱中所有观测值都要小于第二个分箱中的观测值，第二个分箱中所有观测值都要小于第三个分箱中的观测值。

②有监督分箱。在分箱时考虑因变量的取值，使得分箱后达到最小熵或最小描述长度。基于最小熵的有监督分箱方法如下：

如果以因变量作为分类变量，可取值 1，…，J。令 $P_1(j)$ 表示第 1 个分箱内因变量取值为 j 的观测的比例，$l=1$，…，k，$j=1$，…，J；那么第 l 个分箱的熵值为 $J_j=1[-pl(j)\times\lg(p_1(j))]$。如果第 1 个分箱内因变量各类别的比例相等，即 $p_l(1)=\cdots=p_1(J)=1/J$，那么第 l 个分箱的熵值达到最大值；如果第 l 个分箱内因变量只有一种取值，即某个 $p_l(1)$ 等于 1 而其他类别的比例等于 0，那么第 l 个分箱的熵值达到最小值。

令 r_l 表示第 l 个分箱的观测数占所有观测数的比例；那么总熵值为 $k_1=lr_l\times J_j=l[-pl(j)\times\lg(p_1(j))]$。需要使总熵值达到最小，也就是使分箱能够最大限度地区分因变量的各类别。

三、数据规范化

规范化的作用是指对重复性事物和概念，通过规范、规程和制度等达到统一，以获得最佳秩序和效益。在数据分析中，度量单位的选择将影响数据分析的结果。例如，将长度的度量单位从米变成英寸，将质量的度量单位从千克改成磅，可能导致完全不同的结果。使用较小的单位表示属性将导致该属性具有较大值域，因此导致这样的属性具有较大的影响或较高的权重。为了避免对度量单位选择的依赖性与相关性，应该将数据规范化或标准化。通过数据转换，使之落入较小的区间，如［-1，1］或［0.0，1.0］等。规范化数据能够对于所有属性具有相等的权重。

数据规范化可将原来的度量值转换为无量纲的值。通过将属性数据按比例缩放，将一个函数给定属性的整个值域映射到一个新的值域中，即每个旧的值都被一个新的值替代。更准确地说，将属性数据按比例缩放，使之落入一个较小的特定区域，就可实现属性规范化。例如，将数据-3，35，200，79，62转换为0.03，0.35，2.00，0.79，0.62。对于分类算法，规范化作用巨大，有助于加快学习速度。对于基于举例的方法，规范化可以防止具有较大初始值域的属性与具有较小初始值域的属性相比较的权重过大。下面介绍三种常用的数据规范化方法。

（一）最小-最大规范化方法

最小-最大规范化对原始数据进行线性转换。假定 Max_A 与 Min_A 分别表示属性 A 的最大值与最小值。最小-最大规范化通过计算将属性 A 的值 v 映射到区间 ［a，b］上的 v' 中，计算公式如下：

$$v' = （v - Min_A）/（Max_A - Min_A）×（new\_ Max_A - new\_ Min_A）+ new\_ Min_A$$

例如，假定某属性 x 的最小-最大值分别为 12 000 和 98 000，将属性 x 映射到［0.0，0.1］中，根据上述公式，x 值 73 600 将转换为

（73 600 - 12 000）/（98 000 - 12 000）×（1.0 - 0）+ 0.0 = 0.716

最小-最大规范化能够保持原有数据之间的联系。在这种规范化方法中，如果输入之值在原始数据值域之外，将其作为越界错误处理。

S1：确定 Min 和 Max 是最小值和最大值。

S2：输入原始数据 v。

S3：计算 $v' = (v - \text{Min}) / (\text{Max} - \text{Min}) \times (\text{new\_Max} - \text{new\_Min}) + \text{new\_Min}$。

S4：输出 v' 值。

(二) z 分数规范化方法

z 分数 (z-score) 规范化方法是基于原始数据的均值和标准差进行数据的规范化。使用 z-score 规范化方法可将原始值 x 规范为 x'。z-score 规范化方法适用于 x 的最大值和最小值未知的情况，或有超出取值范围的离群数据的情况。

在 z 分数规范化或零均值规范化中，可将 A 的值基于 x 的平均值和标准差规范化。x 值的规范化 x' 的计算公式如下：

$$x' = (x - \bar{x}) / \sigma_A$$

其中，$\bar{x}$ 和 σ_A 分别为属性 x 的平均值和标准差。其中 $\bar{x} = \dfrac{1}{n}(v_1 + v_2 + \cdots + v_n)$，而 σ_A 用 x 的方差的平方根计算。该方法适用于当 x 的实际最小值和最大值未知，或离群点离开了最小-最大规范化的情况。

例如，如果 x 的均值和标准差分别为 54 000 和 16 000。使用 z 分数规范化，值 73 600 被转换为 73 600-54 000/16 000＝1.225。

标准差可以用均值绝对偏差替换。A 的均值绝对偏差 S_A 定义为

$$S_A = \frac{1}{n}(|v_1 - \bar{A}| + |v_2 - \bar{A}| + \cdots + |v_n - \bar{A}|)$$

对于离群点，均值绝对偏差 s_A 比标准差更加健壮。在计算均值绝对偏差时，不对均值的偏差 (即 $x_i - x$) 取平方，因此降低了离群点的影响。

z 分数规范化方法的步骤如下：

S1：求出各变量的算术平均值 (数学期望) x_i 和标准差 S_i。

S2：进行标准化处理：

$$z_{ij} = (x_{ij} - x_i) / S_i$$

其中，z_{ij} 为标准化后的变量值；x_{ij} 为实际变量值。

S3：将逆指标前的正负号对调。

标准化后的变量值围绕 0 上下波动，大于 0 说明高于平均水平，小于 0 说明低于平均水平。

(三) 小数定标规范化方法

小数定标规范化是通过移动属性 A 的小数点位置来实现的。小数点的移动位

数依赖 A 的最大绝对值。A 的值 v 被规范化，由下式决定：

$$v' = v/10j$$

其中，j 是使得 $\max(|v'|) < 1$ 的最小整数。

假设 A 的取值为 $-986 \sim 917$。A 的最大绝对值为 986。因此，为使用小数定标规范化，利用 1000（$j=3$）除每个值，因此，-986 被规范化为 -0.986，917 被规范化为 0.917。

规范化可能将原来的数据改变很多，特别是使用 z 分数规范化或小数定标规范化时表现明显。如果使用 z 分数规范化，还有必要保留规范化参数，例如均值和标准差，以便将来的数据可以用一致的方式规范化。

四、数据泛化处理

数据泛化处理就是用更抽象（更高层次）的概念来取代低层次或数据层的数据对象。例如，街道属性，就可以泛化到更高层次的概念，如城市、国家。同样对于数值型的属性，如年龄属性，就可以映射到更高层次的概念，如年轻、中年和老年。

将具体的、个别的扩大为一般的过程就是泛化的过程。如果从刺激与反应论角度出发，当某一反应与某种刺激形成条件联系后，这一反应也将与其他类似的刺激形成某种程度的条件联系，将这一过程称为泛化。细分强调的是目标人群的聚焦和集中，细分要求的是准确集中。

数据泛化过程即概念分层，将低层次的数据抽象到更高一级的概念层次中。数据泛化是一个从相对低层概念到更高层概念，且对与任务相关的大量数据进行抽象的一个分析过程。

数据特化是简化式进化，或称退化，是指由结构复杂变为结构简单的进化。

数据和对象在原始的概念层包含有详细的信息，经常需要将数据的集合进行概括与抽象并在较高的概念层展示，即对数据进行概括和综合，归纳出高层次的模式或特征。归纳法一般需要背景知识，概念层次可由专家提供，或借助数据分析自动生成。空间数据库中可以定义非空间概念层和空间概念层两种类型的概念层次。空间层次是可以显示地理区域之间关系的概念层次。当空间数据归纳之后，非空间属性必须适当调整，以反映新的空间区域所联系的非空间数据。当非空间数据归纳之后，空间数据必须适当地更改。使用这两种类型的层次，空间数据的归纳可以被分为两种子类，即空间数据支配泛化和非空间数据支配泛化。这两种子类泛化可以看作一种聚类。空间数据支配泛化是基于空间位置的聚类，即所有靠近的实体被分在一组中；非空间数据支配泛化根据非空间属性值的相似性聚类。由于归纳步骤是基于属性值的，所以这些方法被称为面向属性的归纳。

（一）空间数据支配泛化算法

空间数据是指与二维、三维或高维空间的空间坐标及空间范围相关的数据，例如地图上的经纬度、湖泊、城市等都是空间数据。在空间数据支配泛化算法中，首先对空间数据进行归纳，然后对相关的非空间属性做相应的更改，归纳进行至区域的数量达到设定阈值为止。

假设某一个区域数目的阈值已经给出，空间数据支配泛化的处理过程描述如下：

输入：空间数据库 D 、空间层次 H 、概念层次 C 和查询 Q 。

输出：所需一般特征的规则 r 。

S1：按照查询中的选择条件找到数据。

S2：在非空间数据上进行面向属性的归纳。在这里需要考虑非空间概念层次。在这一步中，非空间属性值归纳为高一层的值。这些归纳就是对低层的特殊值在高层上所做的概括。例如，如果对平均温度做归纳，不同的平均温度（或者范围）可以结合并标志为"热"。

S3：执行空间泛化。这里，具有相同（或相近）非空间归纳值的邻近区域被合并。这样做能够减少根据查询返回的区域数量。

本方法的缺点是层次必须先由领域专家预先设定，数据挖掘请求的质量依赖所提供的层次。

（二）非空间数据支配泛化方法

对非空间属性值进行归纳，这种归纳对数据进行分组，将邻近的区域的相同的非空间数据归纳值进行合并。假如只简单地返回表示西北部聚类的值，而并不是平均降水量的数值，可用多、中等、少量这样的值来描述降水量。

算法首先对非空间属性做面向属性的归纳，将其泛化至更高的概念层次。然后，将具有相同的泛化属性值的相邻区域合并在一起，可用邻近方法忽略具有不同非空间描述的小区域。查询的结果生成包含少量区域的地图，这些区域共享同一层次的非空间描述。

（三）统计信息网格方法

该方法是一个查询无关方法，每个结点存储数据的统计信息，可处理大量的查询。算法采用增量修改，避免数据更新造成所有单元重新计算，而且易于并行化。

统计信息网格方法使用了一种类似四叉树的分层技术，把空间区域分成矩形单元。对空间数据库扫描一次，可以找到每个单元的统计参数（平均数、变化性、分布类型）。网格结构中的每个结点概括了该网格中所含内部属性的信息。通过获取这些信息，很多数据挖掘请求（包括聚类）都可以通过检验单元统计得到响应。同时，捕获这些统计信息之后，不需要扫描整体的数据库。这样，当有多个数据挖掘请求访问数据时会提高效率。与归纳和逐步求精技术不同，该方法不用提供预定义的概念层次。

本方法可以看作一种层次聚类技术。它的基础工作是建立一个分层表示（有点像树状图），它把空间分割成区域。层级的顶层的组成就是整体空间。最低层是代表每个最小单元的叶子结点。如果使一个单元在下一层中拥有四个子单元（网格），那么单元的分割与四叉树中是一样的。但是就一般而言，这个方法对所有空间的层次分解都适用。

第三节　大数据约简与集成技术

一、特征约简

特征约简是指在保留、提高原有判别能力的前提下，从原有的特征中删除不重要或不相关的特征。可以通过对特征进行重组来减少特征的个数，或者减少特征向量的维度。也就是说，特征约简的输入是一组特征，输出也是一组特征，但是输出特征是输入特征的子集。

（一）特征提取

特征提取是模式识别中一个重要的研究领域，常用来缓解维数灾难问题，被广泛应用于人脸识别等分类问题中。特征提取通过寻找一个函数或映射将原始的高维数据转换成低维数据。特征提取是将原始特征转换为一组具有明显物理意义或者统计意义或核的特征。也就是说特征提取是利用已有的特征计算出一个抽象程度更高的特征集，也指计算得到某个特征的算法。在计算机视觉与图像处理中，特征提取是指使用计算机提取图像信息，决定每个图像的点是否属于一个图像特征。特征提取的结果是把图像上的点分为不同的子集，这些子集往往属于孤立的点、连续的曲线或者连续的区域。

1. 特征提取是图像处理中的初级运算

特征提取是图像处理中的一个初级运算，也就是说它是对一个图像进行的第一个运算处理。它检查每个像素来确定该像素是否代表一个特征。如果它是一个更大的算法的一部分，那么这个算法一般只检查图像的特征区域。作为特征提取的一个前提运算，输入图像一般通过高斯模糊核在尺度空间中被平滑。此后通过局部导数运算来计算图像的一个或多个特征。

2. 寻找特征

如果特征提取需要较多的计算时间，而可以使用的时间有限制，一个高层次算法可以用来控制特征提取阶层，这样仅图像的部分被用来寻找特征。

由于许多计算机图像算法使用特征提取作为其初级计算步骤，因此出现了大量特征提取算法，其提取的特征各种各样，它们的计算复杂性和可重复性也不同。

（二）特征选择

特征选择从特征集合中挑选一组特征，进而达到降维的目的。特征选择又称特征子集选择或属性选择，是指从已有的 M 个特征中选择 N 个特征使得系统的特定指标最优化，是从原始特征中选择出一些最有效特征以降低数据集维度的过程，是提高学习算法性能的一个重要手段。

1. 特征选择是寻优问题

特征选择可以看作一个寻优问题。对大小为 n 的特征集合，搜索空间由 $2^n - 1$ 种可能的状态构成。已经证明，最小特征子集的搜索是一个 NP 问题，除了使用穷举式搜索之外，不能保证找到最优解。但实际应用中，当特征数目较多的时候，因为穷举式搜索计算量太大而无法应用，因此使用启发式搜索算法可以寻找软计算的准优解。

2. 特征选择的一般过程

（1）产生过程

产生过程是搜索特征子集的过程，为评价函数提供特征子集。

（2）评价函数

评价函数是评价一个特征子集优劣程度的准则。

（3）停止准则

停止准则与评价函数相关，一般是一个阈值，当评价函数值达到这个阈值后就可停止搜索。

（4）验证过程

在验证数据集上验证选出来的特征子集的有效性。

二、样本约简

如果样本数量很大并且样本质量参差不齐，应用实际问题的先验知识，通过样本约简就可以从数据集中选出一个有代表性的样本子集。计算成本、存储要求、估计量的精度以及算法和数据特性相关的因素是确定子集大小的主要因素。

初始数据集中最大和最关键的维数就是样本的数目，也就是数据表中的记录数。对数据的分析只基于样本的一个子集，可以用获得数据的子集来提供整个数据集的信息，这个子集通常叫作估计量，其质量依赖于所选子集中的元素。取样过程存在取样误差。当子集的规模变大时，取样误差一般将降低。

随机抽样最主要的优点是：由于每个样本单位都是随机抽取的，根据概率论不仅能够用样本统计量对总体参数进行估计，还能计算出抽样误差，从而得到对总体目标变量进行推断的可靠程度。常用的随机抽样方法主要有简单随机抽样、系统抽样、分层抽样、整群抽样、多阶段抽样等。下面介绍前三种方法。

（一）简单随机抽样

简单随机抽样是最基本的抽样方法。分为重复抽样和不重复抽样。在重复抽样中，每次抽中的单位仍放回总体，样本中的单位可能不止一次被抽中。在不重复抽样中，抽中的单位不再放回总体，样本中的单位只能抽中一次。社会调查采用不重复抽样，目的是使总体中每个数据被抽取的可能性都相同。

（二）系统抽样

系统抽样又称等距抽样。当总体中数据数较多，且其分布没有明显的不均匀情况时，常采用系统抽样。可将总体分成均衡的若干部分，然后按照预先定出的规则，从每一部分抽取相同个数的数据。例如，从1万名参加考试的学生成绩中抽取100人的数学成绩作为一个样本，可按照学生准考证号的顺序每隔100个抽一个。假定在 1~100 的 100 个号码中任取 1 个得到的是 38 号，那么从 38 号起，每隔 100 个号码抽取一个号，依次为 38，138，238，…，9 938。

（三）分层抽样

分层抽样又称类型抽样，是指先将总体单位按主要标志加以分类，分成互不重叠且有限的类型，成为层，然后再从各层中独立地随机抽取数据，当总体由有明显差异的几个部分组成时，用上面两种方法抽出的样本，其代表性都不强。这时要将总体按差异情况分成几个部分，然后按各部分所占的比进行抽样，即分层抽样。

三、数据集成的概念与分类

对于大数据分析，数据集成必不可少。大数据的分布式存储，导致多个异构的、在不同的软硬件平台上运行的独立数据系统的出现，这些数据系统的数据源彼此独立、相互封闭，使得数据难以在系统之间交流、共享和融合，从而构成众多的数据孤岛。数据孤岛带来的问题是使得不同软件之间，尤其是不同部门之间的数据不能共享，造成系统中存在大量冗余数据、垃圾数据，无法保证数据的一致性。

（一）数据集成的概念

数据集成是应用、存储以及各组织之间传送的数据的管理实践活动。数据集成主要是考虑合并规整数据问题。

数据集成是指将不同来源、不同格式、不同特点与不同性质的数据在逻辑上或物理上有机地集中，存放在一个一致的数据存储（例如数据仓库）中。这些数据可能来自多个数据库、数据立方体或一般文件，从而为后续的数据分析与挖掘提供全面的数据共享，使用户能够以透明的方式访问这些数据源。

数据集成的最复杂和困难的问题是数据格式转换，也就是将多种数据格式转换为统一的格式，这是在数据集成中经常遇到的问题。为了完成数据格式转换，需要理解被整合的数据及其数据结构，需要在技术和业务上很好地把握。

（二）数据集成系统

将实现数据集成的系统称为数据集成系统。

数据集成的数据源主要指各类数据库、XML 文档、HTML 文档、电子邮件、普通文件等结构化、半结构化和无结构化数据。数据集成是信息系统集成的基础和关键。好的数据集成系统能够保证用户以低代价、高效率使用异构的数据。

（三）数据集成需要考虑的问题

主要有下述三个需要考虑的问题。

1. 实体识别问题

来自各个数据源的实体发生冲突问题是指来自某个数据库的用户和另一个数据库的用户为同一个实体，也就是说，需要知道来自多个信息源的现实世界的实体能否匹配。为了知道这个问题，首先要能够识别实体。由若干相关的元数据元素构成元数据实体，它描述原始数据某一方面的若干特征。利用元数据实体识别出是不是同一实体之后，可以将同一实体同名化处理，并删除多余的部分。

2. 冗余问题

对于数据库中的重复数据，可以进一步分为元组重复和属性重复。元组重复是指同一数据，存在两个或多个相同的元组。对于属性冗余，如果一个属性是冗余的，那么可以由另一表导出，例如，年收入工资、属性或维命名的不一致，也可以导致数据集中的冗余。

应用相关分析可以检测到冗余。例如，给定两个属性，根据可用的数据，可以度量一个属性性能在多大程度上蕴含另一个属性。属性之间的相关性度量计算公式如下：

$$R_{a,b} = \sum (A - A')(B - B')/(n - 1)\sigma_A \sigma_B$$

式中，n 是元组个数，A' 和 B' 分别表示 A 和 B 的平均值，σ_A 和 σ_B 分别是 A 和 B 的标准差。其中：

$$A \text{ 的平均值 } A' = \sum A/n, A \text{ 的标准差 } s = \left[\sum (A - A')^2/n - 1\right]^{1/2}$$

如果 $R_{a,b}$ 的值大于 0，则 A 和 B 是正相关，其含义是 A 的值随 B 的值增大而增大，该值越大，则一个属性蕴含另一个的可能性就越大。也就是说，很大的 $R_{a,b}$ 值表明 A 或 B 可以作为冗余而被除掉。如果结果值为 0，则 A 和 B 是独立的，即它们不相关。如果结果值小于 0，则 A 和 B 负相关，一个值随另一个减少而增加，这表明每一个属性都阻止另一个属性出现。利用属性之间的相关性度量公式可以检测实体之间的相关性。

除检测属性之间的冗余之外，也在元组级进行重复检测。元组重复是指对于同一数据，存在两个或多个相同的元组。

3. 数据冲突的检测与处理问题

数据集成还涉及数据冲突的检测与处理。对于现实世界的同一实体，由于表示、大小或编码不同，即来自不同数据源的属性值可能不同。例如，质量属性可以在一个系统中以公制单位存放，而在另一个系统中以英制单位存放。对于连锁旅馆，可能涉及不同的服务（如是否有免费早餐）。又如，不同学校交换信息时，每个学校可能都有自己的课程计划和评分标准。一所大学可能开设三门大数据系统课程，用 0~5 评分；而另一所大学可能采用学期制，开设两门大数据课程，用 0~100 评分。需要在这两所大学之间制定精确的课程成绩变换规则，进行信息交换。

将多个数据源中的数据集成起来统一的格式，能够减少或避免结果数据集中数据的冗余和不一致性，提高数据挖掘和分析的速度和精度。

（四）数据集成的分类

1. 基本数据集成

（1）基本数据集成面临的问题很多，通用标识符问题是数据集成时遇到的最难的问题之一。在前面已提到了实体识别问题，同一业务实体存在于多个系统源中，并且没有明确的办法确认这些实体是同一实体时，就会产生这类问题。解决实体识别问题的办法如下。

隔离：保证实体的每次出现都指派一个唯一标识符。

调和：确认实体，并且将相同的实体合并。

当目标元素有多个来源时，指定某一个来源系统在冲突时占主导地位。

（2）数据丢失问题是最常见的问题之一，解决的办法是为丢失数据填补一个非常接近实际的估计值。

2. 多级视图集成

应用多级视图机制有助于对数据源之间的关系进行集成，底层数据表示方式为局部模型的局部格式，例如关系和文件；中间数据表示为公共模式格式，例如扩展关系模型或对象模型；高级数据表示为综合模型格式。

视图的集成化过程为两级映射：

（1）数据从局部数据库中，经过数据翻译、转换并集成为符合公共模型格式的中间视图。

（2）进行语义冲突消除、数据集成和数据导出处理，将中间视图集成为综合视图。

3. 模式集成

模型合并属于数据库设计问题，其设计由设计者的经验而定，在实际应用中缺少成熟的理论指导。实际应用中，数据源的模式集成和数据库设计仍有相当的差距，如模式集成时出现的命名、单位、结构和抽象层次等冲突问题，就无法照搬模式设计的经验。

在操作系统中，模式集成的基本框架如属性等价、关联等价和类等价可归于属性等价。

4. 多粒度数据集成

多粒度数据集成是异构数据集成中最难处理的问题，理想的多粒度数据集成模式是自动逐步抽象，与数据综合密切相关。数据精度的转换涉及数据综合和数据细化过程。

数据综合（或数据抽象）是指由高精度数据经过抽象形成精度较低，但是粒度较大的数据。其作用过程为从多个较高精度的局部数据中，获得较低精度的全局数据。在这个过程中，要对各局域中的数据进行综合，提取其主要特征。数据综合集成的过程是特征提取和归并的过程。

数据细化指通过由一定精度的数据获取精度较高的数据，实现该过程的主要途径有时空转换、相关分析或者由综合中数据变动的记录进行恢复。数据集成是最终实现数据共享和辅助决策的基础。

5. 批处理数据集成

当需要将数据以成组的方式从数据源周期性地（如每天、每周、每月）传输到目标应用时，就需要使用批处理数据集成技术。在过去，大部分系统之间的接口通常都是周期性地将一个大文件从一个系统传送到另一个系统。文件的内容通常是结构一致的数据记录，发送系统与接收系统都能识别和理解这种数据格式。发送系统将数据传送到接收系统，这种数据传输方式就是所谓的点对点。接收系统将会在特定的时间点上对数据进行及时处理，而不是立即处理，因此，这样的接口是异步的，因为发送系统不需要等待来自接收系统的一个实时反馈以确认事务处理的结束。批处理的数据集成方式对于需要处理非常巨大的数据量的场合依然是比较合适并且高效的，如数据转换以及将数据快照装载到数据仓库等。

可以通过适当调优，让这种数据接口获得非常快的处理速度，以便尽可能快地完成大数据量的加载。通常将其视为紧耦合，因为需要在源系统和目标系统之间就文件的格式达成一致，并且只有在两个系统同时改变时才能成功地修改文件格式。

为了在变化发生时不至于接口被破坏或者无法正常工作，需要非常小心地管理紧耦合系统，以便在多个系统之间进行协调以确保同时实施变化。为了管理比较巨大的应用组合系统，最好选择松耦合的系统接口，以便在不破坏当前系统的前提下允许应用发生改变，并且不需要同步变化的协调过程。因此，数据集成方案最好是松耦合的。

6. 实时数据集成

为了完成一个业务事务处理而需要即时地贯穿多个系统的接口，这就是实时接口。一般情况下，这类接口需要以消息的形式传送比较小的数据量。大多数实时接口依然是点对点的，发送系统和接收系统是紧耦合的，因为发送系统和接收系统需要对数据的格式达成特殊的约定，所以任何改变都必须在两个系统之间同步实施。实时接口通常也称同步接口，因为事务处理需要等待发送方和接收方都完成各自的处理过程。

实时数据集成的最佳实践突破了点对点方案和紧耦合接口设计所带来的复杂性问题。多种不同的逻辑设计方案可以用不同的技术实现，但是如果没有很好地理解底层的设计问题，这些技术在实施时同样会导致比较低效的数据集成。

7. 大数据集成

大数据是非常大量的数据，也是不同技术和类型的数据。考虑到特别大的数据量和不同的数据类型，大数据集成一般需要将处理过程分布到源数据上进行并行处理，并仅对结果进行集成。因为，如果预先对数据进行合并将消耗大量的处理时间和存储空间。

集成结构化和非结构化的数据时需要在两者之间建立共同的信息联系，这些信息可以表示为数据库中的数据或者键值，以及非结构化数据中的元数据标签或者其他内嵌内容。

8. 数据虚拟化

多种数据源的数据不仅包含结构化数据，还包括非结构化数据，而数据虚拟化需要使用数据集成技术对多种数据源的数据进行实时整合，数据仓库以统一的格式将多个不同操作型数据复制到一个持久化存储器中。相对而言，数据仓库不仅分析当前活跃的操作型数据，而且分析历史数据。报表和分析架构通常需要一些持久化数据，这是因为，根据以往经验，集成和综合来自其他多个数据源的数据，对于即时数据利用来说实在是过于缓慢了。数据虚拟化技术可使分析的实时数据集成变得可行，特别是在与数据仓库技术结合的情况下。新兴的内存数据存储技术以及其他虚拟化方法则使快速数据集成方案成为可能，并且不再依赖于数据仓库和数据集市等中间形式的数据存储。

四、数据集成模式

在数据集成方面，通常采用联邦式数据库模式、中间件模型和数据仓库等模式方来构建集成系统，这些技术注重数据共享和决策支持等问题。

（一）联邦数据库集成模式

1. 基本机制与描述

联邦数据库模式是一种常用的数据集成模式。其基本思想是在构建集成系统时将各个数据源的数据视图集成为全局模式，使用户能够按照全局模式透明地访问各数据源的数据。全局模式描述了数据源共享数据的结构、语义及操作等。用户直接在全局模式的基础上提交请求，由数据集成系统处理这些请求，并将其转换成各个数据源的本地数据视图上能够执行的请求。联邦数据库模式集成方法的特点是直接为用户提供透明的数据访问方法。由于用户使用的全局模式是虚拟的数据源视图，所以也可以将模式集成方法称为虚拟视图集成方法。这种模式集成要解决两个基本问题，一是构建全局模式与数据源数据视图之间的映射关系，二是处理用户在全局模式上的查询请求。

2. 全局模式与数据源数据视图之间映射的方法

联邦数据库模式集成过程需要将原来异构的数据模式进行适当的转换，消除数据源间的异构性，映射成全局模式。全局模式与数据源数据视图之间映射的构建方法有两种：全局视图法和局部视图法。

（1）全局视图法

全局视图法中的全局模式是在数据源数据视图基础上建立的，它由一系列元素组成，每个元素对应一个数据源，表示相应数据源的数据结构和操作。

（2）局部视图法

局部视图法先构建全局模式，数据源的数据视图则是在全局模式基础上定义，由全局模式按一定的规则推理得到。用户在全局模式基础上查询请求需要被映射成各个数据源能够执行的查询请求。

3. 联邦数据库系统

联邦数据库系统是一个彼此协作却又相互独立的单元数据库的集合，它将单元数据库系统按不同程度进行集成，对该系统整体提供控制和协同操作的软件叫作联邦数据库管理系统，一个单元数据库可以加入若干联邦系统，每个单元数据库系统的 DBMS 可以是集中式的，也可以是分布式的，还可以是另外一个联邦数据库管理系统。

在联邦数据库中，各数据源共享一部分数据模式，形成一个联邦模式。联邦数据库系统能够统一地访问任何信息存储中以任何格式（结构化的和非结构化的）表示的任何数据。联邦数据库系统按集成度可分为两类：紧密耦合联邦数据库系统和松散耦合联邦数据库系统。联邦数据库系统具有透明性、异构性、高级功能、底层联邦数据源的自治、可扩展性、开放性和优化的性能等特征。其缺点是查询反应慢、不适合频繁查询，而且容易出现锁争用和资源冲突等问题。

（1）紧密耦合联邦数据库系统

紧密耦合联邦数据库系统使用统一的全局模式，将各数据源的数据模式映射到全局数据模式上，解决了数据源间的异构性。这种方法集成度较高，用户参与少；缺点是构建一个全局数据模式的算法复杂，扩展性差。

（2）松散耦合联邦数据库系统

松散耦合联邦数据库系统没有全局模式，采用联邦模式。该方法提供统一的查询语言，将很多异构性问题交给用户自己去解决。松散耦合方法对数据的集成度不高，但其数据源的自治性强、动态性能好，集成系统不需要维护一个全局模式。

（二）中间件集成模式

中间件集成模式是比较流行的数据集成模式，中间件模式通过统一的全局数据模型来访问异构的数据库、遗留系统和 Web 资源等。中间件位于异构数据源系统（数据层）和应用程序（应用层）之间，向下协调各数据源系统，向上为访问集成数据的应用提供统一数据模式和数据访问的通用接口。中间件系统主要为异构数据源提供一个高层次检索服务。这种模型下的关键问题是如何构造这个逻辑视图并使得不同数据源之间能映射到这个中间层。

与联邦数据库不同，中间件系统不仅能够集成结构化的数据源信息，而且可以集成半结构化或非结构化数据源中的信息，如 Web 信息。1994 年出现的 TSIM-MIS 系统就是一个典型的中间件集成系统。

典型的基于中间件的数据集成系统模式主要包括中间件和封装器，其中每个数据源对应一个封装器，中间件通过封装器与各个数据源交互。用户在全局数据模式的基础上向中间件发出查询请求。中间件处理用户请求，将其转换成各个数据源能够处理的子查询请求，并对此过程进行优化，以提高查询处理的并发性，减少响应时间。封装器对特定数据源进行了封装，将其数据模型转换为系统所采用的通用模型，并提供一致的访问机制。中间件将各个子查询请求发送给封装器，由封装器来与其封装的数据源交互，执行子查询请求，并将结果返回给中间件。

中间件模式注重全局查询的处理和优化，相对于联邦数据库系统的优势在于：它能够集成非数据库形式的数据源，查询性能强，自治性强。中间件集成模式的缺点是通常是支持只读的方式，而联邦数据库对读写方式都支持。

（三）数据仓库集成模式

数据仓库方法是一种典型的数据复制方法。该方法将各个数据源的数据复制到数据仓库中。用户则像访问普通数据库一样直接访问数据仓库。

数据仓库是在数据库已经大量存在的情况下，为了进一步挖掘数据资源和满足决策需要而产生的。大部分数据仓库还是用关系数据库管理系统来管理，但它绝不是大型数据库。数据仓库方案建设的目的，是将前端查询和分析作为基础，由于有较大的冗余，所以需要的存储容量也较大。数据仓库是一个环境，而不是一件产品，提供用户用于决策支持的当前和历史数据，这些数据在传统的操作型数据库中难以获得。

数据仓库技术是为了有效地把操作型数据集成到统一的环境中以提供决策型数据访问的各种技术和模块的总称。所做的一切都是为了让用户更快、更方便地查询所需要的信息，提供决策支持。

简而言之，从内容和设计的原则来讲，传统的操作型数据库是面向事务设计的，数据库中通常存储在线交易数据，设计时尽量避免冗余，一般采用符合范式的规则来设计。而数据仓库是面向主题设计的，数据仓库中存储的一般是历史数据，在设计时有意引入冗余，采用反范式的方式来设计。

　　另一方面，从设计的目的来讲，数据库是为捕获数据而设计，而数据仓库是为分析数据而设计，它的两个基本的元素是维表和事实表。维是看问题的角度，例如时间、部门，维表中存放的就是这些角度的定义；事实表中放着需要查询的数据和维的 ID。

　　Hive 是基于 Hadoop 的一个数据仓库工具，可以将结构化的数据文件映射为一张数据库表，并提供简单的 SQL 查询功能，可以将 SQL 语句转换为 MapReduce 任务进行运行。其优点是学习成本低，可以通过类 SQL 语句快速实现简单的 MapReduce 统计，不必开发专门的 MapReduce 应用，十分适合数据仓库的统计分析。

第四章　数据挖掘中的模式甄别与网络分析

第一节　模式甄别的监督侦测方法

模式（Pattern），简言之，就是数据中的异常值。发现数据中的模式极为必要，且有众多应用场景，其中最常见的是欺诈侦测。例如，依据海量历史数据，发现信用卡刷卡金额、手机通话量的非常规增加；诊断医疗保险欺诈和虚报瞒报行为（如商品销售额的非常规变化）等。

模式是由分散于大数据集中的极少量的零星数据组成的数据集合。模式通常具有其他众多数据所没有的某种局部的、非随机的、非常规的特殊结构或相关性，很可能是某些重要因素所导致的必然结果。

一、模式甄别结果及评价

（一）模式甄别结果是风险评分

模式甄别的实际问题中，无论哪种情况下进行的甄别，侦测（Fraud Detection）模型给出的侦测结果都只能作为参考。

例如，在医疗保险欺诈甄别问题中，无论是对出现过还是未出现过的欺诈行为，侦测结果只能是存在保险欺诈行为的可能性或欺诈风险评分。究竟是否确为保险欺诈还须行业专家做最后裁定。

按欺诈可能性或欺诈风险评分从高到低的顺序，给出最可能出现欺诈行为的投保人列表是极为必要的。原因在于，实际问题中人工再甄别的成本通常较高。一方面，不可能对存在风险的所有投保人逐一进行人工再甄别；另一方面，若对风险评分不高的投保人做甄别，即使忽略人工甄别成本，也可能因质疑清白投保人给客户关系带来极大的负面影响，导致更大的企业损失。因此，核算人工甄别成本和欺诈成功甄别所能挽回的损失，找到"平衡点"确定欺诈风险评分的最低分数线，仅对高于分数线的投保人做人工再甄别，是更为可行的现实做法。

于是，进一步的问题是，以怎样的标准确定"平衡点"或最低分数线？撇开现实的成本核算，其核心问题是如何评价模式甄别的效果。

（二）模式甄别效果的评价

模式甄别的结果是一个风险评分，按风险评分的降序重新排序数据。在确定最低分数线的条件下，对高于最低分的前 k 个观测需要进行模式的人工再甄别。事实上，这意味着侦测模型将前 k 个观测的模式标签预测为 1；对低于最低分的其余 $N-k$ 个观测（N 为样本量），因不进行人工甄别，事实上默认其模式标签的预测值为 0。

也就是说，人工甄别只针对标签变量预测值等于 1 的观测进行。

在有标签变量的情况下，模式甄别效果评价须兼顾预测精度和回溯精度两方面。由于数据集中有部分样本的标签变量值为 3（即未知，不确定），所以前 k 个观测很可能包含这些观测。为便于计算，这里规定其实际标签值等于 0。

1. 决策精度

决策（Precision）精度定义为 $d/(b+d)$，即正确甄别的比例。若比例很高，表明侦测模型的模式甄别准确度高，甄别效果理想。反之，模式甄别效果不理想。

这里，仅计算前 k 个观测中正确甄别的比例，即 $d/(b+d)=d/k$。$k=N$ 时为全体样本下的决策精度。应注意的问题是，强行将标签变量值等于 3 的观测归为 0 类后，因其中部分观测的标签变量实际值等于 1，使 d 值低于实际 d 值，所以这里的决策精度是一个偏低的悲观估计。

2. 回溯精度

回溯（Recall）精度也称召回率或查全率，定义为 $d/(c+d)$，即正确甄别的观测个数占实际模式个数的比例。若比例很高，表明侦测模型的模式甄别能力强，能覆盖较多的模式，甄别效果理想；反之，模式甄别效果不理想。

这里，仅对前 k 个观测计算正确甄别的观测占实际模式个数的比例。由于前 k 个观测均预测为模式，所以能够 100% 地覆盖前 k 个观测中的实际模式，即 $d/(c+d)=d/d=1$。当对观测全体（样本量等于 N）计算回溯精度时，因其余 $N-k$ 个观测均预测为正常，但其中可能包含模式观测，所以回溯精度不能达到

100%。在 $k / N \rightarrow 1$，即在更多的观测被预测为模式的过程中，回溯精度将不断提高。

可见，当将所有观测均预测为模式时，回溯精度等于 100%。此时尽管侦测模型的模式甄别能力强，但因决策精度很低，模型仍不适用。所以决策精度和回溯精度不可能同时达到较高水平。在有限的人工甄别成本投入下，倾向追求较高的回溯精度，或者在确保一定的回溯精度下追求决策精度最大化，可依据这样的原则确定风险评分的最低分数线或 k 的取值。

二、模式甄别的监督侦测方法应用

模式甄别的无监督侦测方法适用于数据集中没有模式标签变量，或者尽管模式标签取值已知，但无法确定特征变量与标签变量间关系的情况。从判断各观测在特征变量上是否严重偏离数据全体的角度甄别模式，分析过程不涉及标签变量，不在标签变量监督下进行，所以称为无监督侦测。

判断观测是否严重偏离数据全体可有不同的角度：第一，从概率角度；第二，从特征空间的距离角度；第三，从特征空间的密度角度。这里将以示例数据集为分析对象，讨论这些方法的特点、适用性等问题。

数据集包含 202 个观测，有 x_1，x_2，y 三个变量，分别对应两个属性特征变量和模式标签变量。$y = 1$ 的观测为已知模式，$y = 0$ 的观测可能为正常观测，也可能是未知观测。因采用无监督侦测方法，变量 y 不参与分析，只用于验证和对比方法的甄别效果。

Data<－read. table（file＝"模式甄别模拟数据 1. txt"，header＝TRUE，sep＝"，"）

head（Data）

	x_1	x_2
1	0. 23421153	0. 2837864
2	－0. 04372133	－0. 1813989
3	0. 24235498	－0. 7271824
4	0. 25203942	－0. 1104736
5	－0. 11366390	－0. 3677288
6	－0. 04649912	0. 7269248

plot（Data［，1：2］，main＝"样本观测点的分布"，xlab＝"x1"，ylab＝

"x2"，pch＝Data［，3］＋1，cex＝0.8）

依不同的模式定义，找到各种可能的模式观测。进一步，若规定仅对风险评分最高的前10%的观测做人工再甄别，判断10%是否恰当。

（一）依概率侦测模式

依概率侦测模式是从概率角度出发，将统计学中的离群点视为可能的模式。在单个特征变量下，可依据统计学的3σ准则甄别模式。依据单个特征判断模式的应用局限性是显而易见的，通常应参考多个特征变量。多特征变量下模式甄别的最常见方法是依据联合概率密度函数，计算各观测的概率密度或联合概率。密度或概率值很小的观测很可能是模式观测。可见依概率侦测模式须已知或假定概率分布。

示例数据是个二元混合分布，表现为数据呈双峰分布，存在两个"自然子类"，这里假设是个混合高斯分布。此时，不能直接计算概率或密度，而须首先找到各观测所属的子分布（或子类），然后再依子分布计算概率。

解决该问题的理想方式是借助 EM 聚类将数据划分成两个子类，再计算概率。具体代码和部分结果如下：

```
Data<-read.table（file="模式甄别模拟数据 I.txt"，header=TRUE，sep
=","）
library（"Mclust"
EMfit<-Mclust（data=Data［，-3］）
par（mfrow=c（2，2））
DataSker.scores<-EMfit $ uncertainty   #利用 EM 聚类结果进行模式诊断
Data.Sort<-Data［order（x=Data $ ker.scores，decreasing=TRUE），］
P<-0.1       #指定风险评分前10%的观测为可能的模式
N<-length（Data［，1］）       #计算样本量
NoiseP<-head    （Data.Sort，trunc（N*P））
colP<-ifelse   （1：N% in% rownames（NoiseP），2，1）
plot（Data［，1：2］，main="EM 聚类的模式诊断结果（10%）"，xlab="
x1"，
ylab="x2"，pch=Data［，3］＋1，cex=0.8，col=colP）
library（"ROCR"）
pd<-prediction（Data $ ker.scores，Data $ y）pfl<-performance（pd，meas-
```

ure="rec", x. measure="rpp") #y轴为回溯精度, x轴为预测模式占总样本的比例

pf2<-performance (pd, measure="prec", x. measure="rec")

#y轴为决策精度, x轴为回溯精度

plot (pfl, main="模式甄别的累计回溯精度曲线")

plot (Pf2, main="模式甄别的决策精度和回溯精度曲线")

P<-0. 25

NoiseP<-head (Data. Sort, trunc (N * P))

colP<-ifelse (1: N%in% rownames (NoiseP), 2, 1)

plot (Data [, 1: 2], main="EM 聚类的模式诊断结果 (25%)", xlab="xl", ylab="x2", pch=Data [, 3]

+1, cex=0. 8, col=colP)

利用 Mclust 函数返回列表中的 uncertainty 成分。若算法将观测 x_p 划分到 Ⅰ类, uncertainty 即观测 x_p 不属于 Ⅰ类的概率。可见, 概率值越大, 对于 Ⅰ类来讲, 观测 x_p 越可能是离群点, 概率角度的模式观测点。这里将 imcertainty 作为模式风险评分。

为可视化可能的模式点, 将观测按模式风险评分的降序排序, 找到前 10% 的观测, 预测为模式。若仅考察风险评分前 10% 的观测, 只能覆盖大于 20% 的实际模式, 即回溯精度为 0. 2, 偏低。可考虑将 10% 的比例增大至 25% 左右, 此时的回溯精度大约提高到 50%, 但决策度较低。

(二) 依距离侦测模式: 基于距离方法及 R 应用示例

严重偏离数据全体的模式, 与正常数据明显不同还表现在, 属性特征空间中, 模式观测点通常远离正常观测点。为此, 可计算特征空间中两两观测点间的距离。进一步, 若与观测 x_p 的距离大于阈值 D 的观测个数且大于 pN ($0 < p < 1$, N 为样本量), 则观测 x_p 可视为模式观测, 因为有太多的观测点距观测 x_p 较远。该方法是于 20 世纪 90 年代提出的一种基于距离 (Distance-Based, DB) 的离群点侦测方法。

DB 方法的两个可调参数是阈值 D 和比例 p。阈值 D 和比例 p 设置偏低, 将导致更多的观测 (甚至正常的观测) 被甄别为模式; 反之, 阈值 D 和比例 p 设置偏高可能无法找到模式。

这里，将风险评分定义为与观测 x_p 的距离大于阈值的观测个数占总样本的比例。比例越高模式的风险评分越高。排在风险评分较高的前 k 个模式均视为模式。为此，只须设置参数阈值 D。为获得较高的回溯精度，阈值 D 可给一个不太大的值。这里，设阈值等于两两观测距离的上四分位数。

示例数据模式甄别的 DB 方法代码和部分结果如下：

```
Data<-read. table（file="模式甄别模拟数据1.txt"，header=TRUE，sep
="，"）
N<-length（Data［，I］）
DistM<-as. matrix（dist（Data［，1：2］））
par（mfrow=c（2，2））
（D<-quantile（x=DistM［upper. tri（DistM，diag=FALSE）］，prob=
0.75））
#计算距离的上四分位数，作为阈值 D


75%
7.2118


for（i in 1：N）{
    X<-as. vector（DistM［i，］）
    Data $ DB. scores［i］<-length（which（x>D））／N
        #计算观测 x 与其他观测间的距离大于阈值 D 的个数占比
    }
Data. Sort<-Data［order（x=Data $ DB. score，decreasing=TRUE），]
P<-0.1        #指定风险评分前10%的观测为可能的模式
NoiseP<-head（Data. Sort，trunc（N*P））
colP<-ifelse（1：N%in% rownames（NoiseP），2，1）
plot（Data［，1：2］，main=paste（"DB 的模式诊断结果：p="，P，sep
=" "），xlab="xI"，ylab="x2"，pch=Data［，3］+1，cex=0.8，col=colP）
library（"ROCR"）
pd<prediction（Data $ DB. scores，Data $ y}
prl<-performance（pd，measure="rec"，x. measure="rpp"）
```

#y 轴为回溯精度, x 轴为预测的模式占总样本的比例

pf2<-perrormance（pd, measure="prec"，X. measure="rec"）

#y 轴为决策精度, x 轴为回溯精度

plot（pfl, main="模式甄别的累计回溯精度曲线"）

plot（pf2, main="模式甄别的决策精度和回溯精度曲线"）

P<-0. 25

NoiseP<-head（Data. Sort，trunc（N*P））

colP<ifelse（1：N%in%rownames（NoiseP），2，1）

plot（Data［, 1：2］, main=paste（"DB 的模式诊断结果：p="，P, sep=" "，xlab="xl"，ylab="x2"，pch=Data［, 3］+1, cex=0. 8, col=colP）

本例的阈值 D 等于 7.2。

将观测按模式风险评分的降序排序，找到前 10% 的观测（$P=0.1$），预测为模式认为有较多的观测与它们的距离较远，设置其绘图颜色为深色。若考察风险评分前 10% 的观测可覆盖大约 25% 的实际模式，即回溯精度为 0.25。若将 10% 的比例增大至 25% 左右，回溯精度可提高至大约 0.4，且决策精度处在一个相对高点。

找到风险评分排在前 25% 的观测，预测为模式，设置它们的绘图颜色为深色。

不同于概率角度界定的模式，本例并没有甄别出位于图中间的两个已知模式点。因为并没有较多的观测点与它们有较大的距离。因 DB 方法计算时"顾及"了所有距离，所以甄别出的模式是"全局"意义上的。

（三）依密度侦测模式：基于 LOF 方法及 R 应用示例

严重偏离数据全体的模式，与正常数据明显不同还表现在，属性特征空间中，模式观测点所处区域的观测点密集程度，也称局部密度（Local Density），远远稀疏于"正常"观测点所处的区域。

LOF 方法的 R 函数在 DMwR 包中。首次使用时应下载安装，并加载到 R 的工作空间中。DMwR 包中的 lofactor 函数可计算各个观测的 LOF 得分，基本书写格式如下：

lofactor（data=数据矩阵, k=MinPts）

lofactor 函数的返回结果是一个数值型向量，存储各个观测的 LOF 得分。

对于示例数据，设 MinPts=20，以 LOF 得分作为模式风险评分，具体代码和

部分结果如下：

Data<－read，table（file＝"模式甄别模拟数据 I. txt"，header＝TRUE，sep
＝"，"）

library（"DMwR"）

Iof. scores<－lofactor（data＝Data［，－3］，k＝20）

par（mfrow＝c（2，2））

Data $ lof. scores<－Iof. scores

Data. Sort<－Data［order（x＝Data $ lof. score，decreasing＝TRUE），］

P<－0. 1

N<－length（Data［，1］）

NoiseP<－head（Data. Sort，trunc（N＊P））

colP<－ifelse（1：N%in% rownames（NoiseP），2，1）

plot（Data［，1：2］，main＝"LOF 的模式诊断结果"，xlab＝"　"，ylab
＝"　"，pch＝Data［，3］＋1，cex＝0. 8，col＝colP）

library（"ROCR"）

pd<－prediction（Data $ Iof. scores，Data $ y）

pfl<－performance（pd，measure＝"rec"，x. measure＝"rpp"）

#y 轴为回溯精度，x 轴为预测的模式占总样本的比例

pf2<－performance（pd，measure＝"prec"，x. measure＝"rec"）

#y 轴为决策精度，x 轴为回溯精度

plot（pfl，main＝"模式甄别的累计回溯精度曲线"）

plot（pf2，main＝"模式甄别的决策精度和回溯精度曲线"）

将观测按模式风险评分的降序排序，找到前10%的观测（$P＝0.1$），预测为模式，认为其局部密度较低。可见本例几乎甄别出了所有的已知模式观测点。

综上，模式甄别的侦测方法各有特色，实际应用中可尝试多种方法。

第二节　网络节点重要性的测度

节点重要性测度是网络基本分析的第一个层次，目的是刻画节点个体与其他节点有怎样"强度"的关系，发现网络中的重要节点。

节点在网络中的重要性一般表现在：第一，它是网络一个"局部范围"内

的"中心";第二,它是一个具有强连接的"枢纽"。节点"中心"和"枢纽"作用的度量涉及两个基本测度:度(Degree)、测地线距离(Geodesic Distance),应首先讨论度和测地线距离。

因通常仅对简单图网络进行研究,分析之前可先对网络进行简化处理,剔除网络中的环和多边。

一、度和测地线距离

(一)度和相关 R 函数

1. 度的定义

节点 n_i 的度是指节点 n_i 有多少个与其直接连接的邻居节点。

对于无向网络,节点 n_i 的度记为 $d(n_i)$。结合无向网络的邻接矩阵 Y,$d(n_i)$ 定义为

$$d(n_i) = y_{i+} = \sum_j y_{ij} = y_{+i} = \sum_j y_{ji}$$

其中,y_{i+} 表示邻接矩阵 Y 的第 i 行元素之和,y_{+i} 表示邻接矩阵 Y 的第 i 列元素之和。因无向网络邻接矩阵具有对称性,故有 $y_{i+} = y_{+i}$。可见,节点 n_i 的度等于与其有直接连接的节点个数,即与其相连的连接个数。

对于有向网络,节点 n_i 的度包括:入度(Indegree),记为 $d_{in}(n_i)$;出度(Outdegree),记为 $d_{out}(n_i)$;度 $d(n_i) = d_{in}(n_i) + d_{out}(n_i)$。

因有向网络的邻接矩阵不具有对称性,所以通常 $y_{i+} \neq y_{+i}$。可见,节点 n_i 的入度为以 n_i 为头节点的连接个数,节点 n_i 的出度为以 n_i 为尾节点的连接个数。

从社会学角度看,入度可作为节点权威(Authority)性的体现。例如,在以网站为节点反映不同网站间超链接关系的双向网络中,某网站(节点)的入度越高,表明从很多网站都能链接到该网站,该网站应是高"人气"高"权威性"的网站,如大型门户网站等;出度可作为节点枢纽(Hub)性的体现。例如,在网站超链接关系的双向网络中,某网站(节点)的出度越高,表明该网站提供了许多跳转到其他网站的超链接,该网站是个重要的"枢纽"网站,如大型导航网站等。

对于加权网络,节点度的定义同无向网络。不同点在于,加权网络邻接矩阵 F 中的元素均为权重,所以这里节点 n 的度是个加权的度。

2. 相关 R 函数

计算度的 R 函数是 degree，基本书写格式如下：

degree（graph＝网络类对象名，v＝节点对象，mode＝方向类型）

其中，若仅计算某个指定节点的度，可指定参数 V，否则无须定义；对于有向网络，须指定参数 mode 为 "out"，"in"，"all"，依次表示出度、入度和度（出度+入度）。

对于加权网络，计算加权度的 R 函数是 graph. strength，基本书写格式如下：

graph. strength（graph＝网络类对象名，vids＝节点对象，mode＝方向类型）

参数含义同 degree 函数。

例如，对 G2，G7 网络计算度，对 G8 网络计算加权的度。具体代码和部分结果如下：

degree（graph＝G2，v＝V（G2），mode＝"all"）　　#计算 G2 中各节点的度

A　B　C　D

2　3　1　2

degree（graph＝G2，v＝V（G2）［4］，mode＝"all"）　　#计算 G2 中第 4 个节点的度

D

2

degree（graph＝G7，mode＝"all"）　　#计算 G7 中各节点的入度

A　B　C　D　E

0　1　2　2　1

adj. G8<-as. matrix（get. adjacency（G8，attr＝"weight"））

rowSums（adj. G8）　　#利用加权的邻接矩阵计算加权出度

［1］　1. 80. 10. 70. 00. 2

graph. strength（graph＝G8，mode＝"out"）　　#计算 G8 加权出度

A　B　C　D　E

1. 80. 10. 70. 00. 2

对于无向网络，参数 mode＝"all" 表示计算度。对 G7（有向网络）计算入度。结果表明，C、D 两个节点的"权威性"高于其他节点。可利用 graph. strength 计算加权度，还可以直接利用加权的邻接矩阵计算加权的出度。

（二）测地线距离和相关 R 函数

1. 测地线距离

对于无向网络，若网络中节点 n_i 和 n_j 间存在直接连接，则称 n_i 到 n_j 的无向游走步数为 1 步。若节点 n_i 和 n_j 通过"中介"节点 n_k 相连，则 n_i 到 n_j 的无向游走步数为 2 步，等等。步数可作为两节点间几何距离的测度。节点 n_i 和 n_j 间可能存在多条游走"路线"，其中距离最短者称为最短路径（Shortest Path）。最短路径的距离，称为节点 n_i 和 n_j 间的测地线距离，记为 $d(n_i, n_j)$。节点 n_i 和 n_j 间可能存在多条不同的最短路径。

对于有向网络，须依方向游走，根据带方向的最短路径计算测地线距离。

在加权网络中，若节点 n_i 和 n_j 间的连接权重为 0.5，则 n_i 和 n_j 的游走步数为 0.5 步。其他同理。所以，$d(n_i, n_j)$ 为加权的测地线距离。

从几何意义上看，测地线距离的大小反映了两节点间距离的远近。测地线距离可基于邻接矩阵计算得到。

进一步，若网络 G 具有连通性，网络中所有节点对测地线距离中的最大值，称为网络 G 的直径（Diameter）。可见，网络的直径越大，边界上的两个最远节点间的距离越远，网络"战线"越长或覆盖区域越广。相对于直径较小的同规模网络，该网络的整体"凝聚力"较弱。网络中的组件也可以计算直径，进而对比各个组件的"凝聚力"。

2. 相关 R 函数

计算测地线距离的 R 函数是 shortest. paths，基本书写格式如下：

shortest. paths （graph＝网络类对象名，v＝起始节点对象，t_0＝终止节点对象，mode＝方向类型）

其中，参数 v 和 t_0 分别指定从哪个节点至哪个节点，省略表示所有节点；对于有向网络，须指定参数 mode 为 "out"，"in"，分别表示以起始节点为尾节点或头节点做有向游走的测地线距离。"all" 表示忽略方向。

计算直径的 R 函数为 diameter （graph＝网络类对象名，directed＝TRUE/FALSE，unconnected＝TRUE/FALSE）

其中，参数 directed 取 TRUE 或 FALSE，对于有向网络，计算直径时考虑方向或忽略方向，默认值为 TRUE；参数 unconnected 指定对不连通的网络如何计算直径，TRUE 表示计算各组件的直径，并以其中的最大值作为网络的直径。

FALSE 表示以网络节点个数作为网络直径的估计。

例如，对 G2、G7 网络，计算测地线距离和直径，具体代码和结果如下：

shortest. paths （graph＝G2，v＝V（G2），to＝V（G2）$ name＝＝"A"）

#计算 G2（无向）中所有节点到 A 的测地线距离

　　A

A　0

B　1

C　2

D　1

diameter （graph＝G2）　#计算 G2 的直径

［1］2

shortest. paths （graph＝G7，v＝V（G7）［2］，mode＝"out"）

#计算 G7（无向）中 B 到所有节点的测地线距离（B 为尾节点）

A　B　C　D　E

B　Inf 0 1 2 Inf

diameter （graph＝Gl，directed＝TRUE，unconnected＝TRUE）　#计算 G7 的直径

［1］2

B 节点为尾节点没有指向 A 和 E 的有向游走，所以测地线距离以 Inf 表示。

二、点度中心度和接近中心度

点度中心度（Degree Centrality）和接近中心度从两个不同角度度量节点"中心"作用的强弱。

（一）点度中心度

点度中心度以节点与其他节点连接个数的多少度量其"中心"作用的强弱。由于节点 n_i 的度 $d(n_i)$ 的大小受网络总节点个数 N 的影响，通常较大的 N 倾向导致较大的 $d(n_i)$。所以，在对比某成员（节点）在不同系统（网络）中的重要性大小时，应消除系统（网络）规模对度计算的影响，对度进行标准化处理。节点 n_i 的点度中心度即为标准化度，记为 $C_D(n_i)$，是度 $d(n_i)$ 与其最大可能度数之比。

（二） 点度中心度和接近中心度的 R 函数

degree 函数也可用于计算点度中心度，基本书写格式如下：

degree （graph=网络类对象名，v=节点对象，mode=方向类型，normalized=TRUE）

其中，参数 normalized = TRUE，表示计算标准化度，即点度中心度，normalized 的默认值为 FALSE，只计算度。其他参数含义同前。须注意的是，igraph 包均按无向网络的点度中心度定义计算 $C_D(n_i)$。

closeness 函数用于计算接近中心度，基本书写格式如下：

closeness （graph=网络类对象名，vids=节点对象，mode=方向类型，normalized=FALSE/TRUE）

其中，参数 normalized = TRUE，表示计算接近中心度；normalized 的默认值为 FALSE，表示计算。其他参数含义同 degree 函数。

（三） 计算点度中心度和接近中心度的必要性探讨

无论依点度中心度还是接近中心度，B 节点均是重要节点，但有时结论并非一致，如下例所示：

G10<-graphempty （n=16，directed=FALSE）

G10<-add. edges<G10，c （1，2，1，3，1，4，1，5，1，6，6，7，7，8，7，9，7，10，7，11，

11，12，12，13，12，14，12，15，12，16）

set. seed （12345）

plot （G10，main="G10 网络"，layout=layout. fruchterman. reingold （G10） ）

degree （graph=G10，normalized=TRUE）

［1］0. 33333333 0. 06666667 0. 06666667 0. 06666667 0. 06666667 0. 13333333 0. 33333333 0. 06666667

［9］0. 06666667 0. 06666667 0. 13333333 0. 33333333 0. 06666667 0. 06666667 0. 06666667 0. 06666667

closeness （graph=G10，normalized=TRUE）

［1］0. 3488372 0. 2631579 0. 2631579 0. 2631579 0. 2631579 0. 4054054 0. 4545455 0. 3191489

［9］0. 3191489 0. 3191489 0. 4054054 0. 3488372 0. 2631579 0. 2631579

0.2631579 0.2631579

网络的可视化结果如图 4-1 所示。

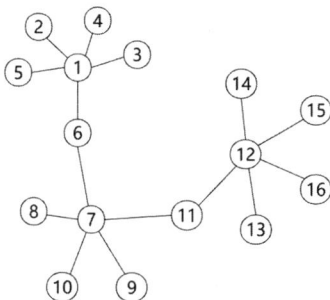

图 4-1　G10 网络可视化结果

从点度中心度看，第 1、7、12 号节点是重要节点。第 1、12 号节点并非几何意义上的网络中心，接近中心度表明第 7 号节点才是。所以，本例仅计算接近中心度是片面的，从点度中心度和接近中心度两个角度考察节点的重要性，是极为必要的。

三、中间中心度：节点 "枢纽" 作用的测度

（一）中间中心度介绍

直观上，若节点 n_i 是网络的连接 "枢纽"，则一定有很多 "路线" 经过，可依 "路线" 的多少测度节点 "枢纽" 作用的高低。中间中心度（Betweenness Centrality）即根据该思路构造的测度，定义如下：

$$C_B(n_i) = \sum_{j \neq k, \ j \neq i, \ k \neq i} \frac{\sigma_{jk}(n_i)}{\sigma_{jk}}$$

可见，$C_B(n_i)$ 越大，表明必须经过节点 n_i 的最短路径条数越多，节点的 "枢纽" 作用越强越重要。进一步，为克服网络规模对中间中心度结果的影响，可计算标准化 $C_B(n_i)$ 。

从社会学角度看，具有较高中间中心度的节点（成员）往往在网络（系统）中扮演着联络人或桥梁的作用。

进一步，可将中间中心度拓展到网络的连接上，计算连接 e_i 的中间中心度，即计算节点与 n_k 间的最短路径中有多少比例的路径包含了连接 e_i ，从而度量连接 e_i 的重要性。中间中心度高的连接因是众多 "路径的必经之路"，故是网络中

的重要连接。

(二) 中间中心度 R 函数

betweenness 函数用于计算中间中心度，基本书写格式如下：

betweenness（graph = 网络类对象名，v = 节点对象，normalized = FALSE/TRUE）

参数含义同 degree 函数。

edge. betweenness（graph = 网络类对象名）可计算连接的中间中心度。

例如，对 G10 网络计算节点的中间中心度和连接的中间中心度，具体代码和部分结果如下：

betweenness（graph = G10，normalized = TRUE）　#计算 G10 各节点的中间中心度

［1］ 0. 4761905　0. 0000000　0. 0000000　0. 0000000　0. 0000000　0. 4761905 0. 7142857 0. 0000000

［9］ 0. 0000000　0. 0000000　0. 4761905　0. 4761905　0. 0000000　0. 0000000 0. 0000000 0. 0000000

edge. betweenness（graph = G10）　　#计算 G10 各连接的中间中心度

［1］ 15 15 15 15 55 60 15 15 15 60 55 15 15 15 15

节点的中间中心度结果表明，第 7 节点的"枢纽"作用最强。同时发现，第 6，11 节点有着与 1 和 12 相同的"枢纽"作用。前面的分析中，尽管第 6、11 节点"中心"作用较低，貌似不重要，但因它的"枢纽"重要性较强，所以第 6、11 节点也是重要节点。

连接的中间中心度结果表明，节点 6、7 以及节点 7、11 间的连接是最重要的连接，它们均处在网络的中间。

综上所述，网络节点个体重要性的测度应兼顾"中心"和"枢纽"两方面，忽略任何一方面都可能得到不全面的分析结论。

四、结构洞和关节点及 R 函数

结构洞（Structural Hole）概念是罗纳德·伯特（Ronald Burt）于 20 世纪 90 年代提出的。

伯特认为，在一个系统（网络）中，若某个成员（节点）退出系统，使得

局部系统中的其他成员（节点）间不再有任何联系（连接）。从结构上看就像局部网络中出现了一个关系断裂的"洞穴"，该成员称为一个结构洞。结构洞理论内容非常丰富，大部分均超出了本书的讨论范围。同时，实际网络中结构洞因地位过于"权威"而凤毛麟角。

与结构洞有类似特征的是关节点（Articulation Points），也称切割点。关节点是那些若剔除出网络将导致网络的组件数大大增加的节点。关节点不存在，网络将变成两个或多个互不连接的独立子网络或单个"孤立"节点。关节点在构成组件中起到了一个"中枢"作用。从社会学意义看，该成员在系统中具有局部中心地位。

R 的 articulation. points 函数能找到网络中的关节点，基本书写格式如下：

articulation. points （graph = 网络类对象名）

articulation. points 将忽略网络连接的方向性，均视为无向网络。

例如，找到 G10 网络中的关节点，具体代码和结果如下：

articulation. points （graph = G10）　　　#找到 G10 的关节点

［1］7 12 11 6 1

分析结果表明，关节点均为前面分析中的重要节点。

第三节　网络子群构成特征

子群分析是网络分析的第二个层次，它将研究范围从单个节点拓展到某些覆盖多个节点的局部区域。这些局部区域中节点间的关系更为密切或更特殊，成为相对独立的小群体，也称子群。

子群分析的必要性源于社会学、人类学和心理学等领域的研究成果，即各种社会结构与组织中均存在多样性的不断变化的小群体。一个组织的规模越大，越复杂，包含的小群体就越多，小群体的关系特征可能越有差异。小群体不仅影响组织内部成员之间的关系，也影响着组织的有效运行和发展。

子群是由网络中的一组具有连通性的多个节点所组成的节点集合，即连通性子网络。典型的子群类型有二元关系、三元关系、派系、k-核等。子群除了具有连通性特点之外，不同类型的子群还侧重体现不同的局部关系特点，体现不同的由社会学可解释的关系意义。

子群分析的主要目标基于上述子群类型，找到网络中包含的各种子群和数量，并借助子群特点和所体现的局部关系，细致刻画网络的结构组成特征。以下将就这些方面进行讨论，并给出 R 的相关实现代码。

一、二元关系和三元关系及 R 实现

（一）二元关系

二元关系（Dyad）通常针对有向网络而言，是有向网络中仅涉及两个节点的最小子群。有向网络中，节点 n_i 和 n_j 间的二元关系有三种状态：第一，$y_{ij} = y_{ji} = 1$，表示节点 n_i 和 n_j 间存在双向互惠关系；第二，$y_{ij} = 1$ 且 $y_{ji} = 0$（或 $y_{ij} = 0$ 且 $y_{ji} = 1$），表示节点 n_i 和 n_j 间存在单向依存的不对称关系；第三，$y_{ij} = y_{ji} = 0$，表示节点 n_i 和 n_j 间不存在关系。网络中各种二元关系状态的数量称为二元关系普查量（Dyad Census）。

因二元关系的不同状态体现了两节点间的不同关系类型，所以计算一个特定网络中的二元关系普查量并与其他网络做对比，有助于量化不同网络的互惠或依存关系的强弱。

从网络分析的角度讲，计算网络二元关系普查量的出发点是，事前认为该网络可能存在互惠或依存关系，或者该网络具有比其他网络更强的互惠或依存关系。计算二元关系普查量的目的就是验证互惠或依存关系是否真实存在于网络中，或者该网络是否确实具有更强的关系。社会交换理论、网络交换理论和资源依赖理论等研究表明，体现资源交换和资源依赖关系的网络，由于个体或组织间通过交换原材料或信息资源形成连接，所以具有更高互惠或依存关系的可能性较大。

（二）三元关系

三元关系（Triad）是涉及三个节点的，是比二元关系更高一层的关系。若用 A、B、C 表示三个节点，它们之间的三元关系有 16 种可能的状态。

三元关系体现了关系的传递性和循环性。第 6 种就是典型的关系传递性，在这种情况下，C 有较高的概率指向 A，也是研究三元关系的意义所在。第 10 种是典型的关系循环性的表现。从认知平衡理论认为，关系的传递性常见于情绪网络或行政关系网络中，关系的循环性可利用一般交换理论来解释。

计算网络中各种三元关系的前提也是认为网络可能体现上述关系，并希望通过三元关系普查量来验证这种关系是否存在。

（三）R 函数和示例

计算二元关系普查量的 R 函数是 dyad. census 函数，基本书写格式如下：

dyad. census （graph＝网络类对象名）

网络类对象应为有向网络。dyad. census 的函数返回结果为一个列表，包括 mut、asym 和 null 三个成分，分别为互惠关系、单向依存不对称关系和无关系的数量。

计算二元关系普查量的 R 函数是 triad. census 函数，基本书写格式如下：

triad. census （graph＝网络类对象名）

triad. census 的函数返回结果为一个数值向量。

二、派系和 k -核及 R 实现

（一）派系及 R 函数

若网络 G 中的一个组件 G' 是完备的，且不被其他的完备组件所包含，则称 G' 为网络 G 的一个派系（Clique）。派系是一个局部意义上的最大（Maximal）完备子网络，因所有节点两两直接连接而具有最强的凝聚性。所谓最强凝聚性子网通常指剔除子网中的某些节点后，并不能破坏剩余节点的完备性。

找到网络中各派系的 R 函数是 maximal. cliques，基本书写格式如下：

maximal. cliques （graph＝网络类对象名，min＝n_1，max＝n_2）

maximal. cliques 用于找到指定网络类对象中派系成员的所有派系，参数 min 和 max 可以略去，即找到所有派系。R 的派系更强调完备性。

进一步，利用 largest. cliques （graph＝网络类对象名）函数，找到所有派系中成员个数最多的派系，称为最大派系（Largest Cliques）；clique. number （graph＝网络类对象名）会给出最大派系包含的成员个数。

例如，生成 G_{11} 网络并找到各个派系等，具体代码和结果如下：

G_{11} <-graph. empty （n＝12，directed＝FALSE）

G_{11} <-add. edges （G_{11}，c （1，2，1，4，1，9，2，3，2，4，2，9，3，4，3，5，5，6，5，7，5，8，

6，7，6，10，6，11，6，12，7，8，9，10，10，11，10，12，11，12））

par （mfrow＝c （2，2））

set. seed （12345）

plot（G_{11}，main＝"G_{11}网络"，layout－layout. fruchterman. reingold（G_{11}），vertex. size＝30）

maximal. cliques（graph＝G_{11}，min＝3，max＝4）　　#找到 G_{11} 中派系成员个数为 3 和 4 的所有派系

［［1］］

［1］　　9　1　2

［［2］］

［1］　　8　5　7

［［3］］

［1］　　6　10　11　12

［［4］］

［1］　　6　7　5

［［5］］

［1］　　4　2　3

［［6］］

［1］　　4　2　1

largest. cliques（graph＝G_{11}）　　#找到 G_{11} 中的最大派系

［［1］］

［1］　　6　10　11　12

clique. number（graph＝G_{11}）　　#给出 G_{11} 中最大派系的成员个数

［1］　　4

set. seed（12345）

plot（G_{11}，main＝" G_{11}网络中的派系"，layout＝layout，fruchterman.

reingold（G_{11}），vertex. size＝30，vertex. color＝c（0，0，5，0，0，0，0，2，6，3，3，3））

本例中，（9，1，2）、（4，2，1）、（4，2，3）、（8，5，7）、（6，7，5）为包含 3 个成员的派系；（6，10，11，12）为包含 4 个成员的派系，是最大派系。（10，11，12）虽具有完备性但不是派系的原因是它被派系（6，10，11，12）所包含，不是最大完备子图。

尽管派系中各节点两两直接相连，具有最强的凝聚性，但事实上，网络中的许多派系可能并没有特别重要的意义，有意义的派系只是少数。同时，也会出现

派系成员重叠（Overlay）的情况。

例如，上述 G_{11} 中，相对派系（6，10，11，12）及其他多个派系的重要性均不突出，且出现了派系重叠。此外，派系的完备性使得派系可能仅占据网络的极少部分，凝聚性被网络中大部分的"稀疏性"所抵消而无法对整个网络系统产生有效影响。核概念的提出更具应用意义。

（二）k-核及 R 函数

k-核侧重以度定义子群，有着与派系类似的特点。若 G' 是网络 G 的一个最大连通性子图，且 G' 中的每个节点均至少与其他 k 个节点直接连接，即 G' 中每个节点的度均大于等于 k，则称 G' 是网络 G 的一个 k-核。可见，k-核至少包括 $k+1$ 个节点。如果包含 $k+1$ 个节点的 k-核中，每个节点的度均等于 k，则该 k-核为一个派系。此时，派系是最严格意义的核的特例。相对于派系，虽然 k-核不具有最高的凝聚性，但所有高凝聚性的子集均包含在 k-核中。

两个直接连接的节点构成 1-核，一个包含 3 个节点的具有连通性的网络，最大是个 2-核，也可能不存在 2-核，仅是 1-核。

节点的核等于 m，如果它属于 m-核但不属于（$m+1$）-核。只要节点 n_i 不是"孤立"点，它至少是一个 1-核成员，也可能属于更大的核。

计算网络节点核的 R 函数是 graph. coreness 函数，基本书写格式如下：

graph. coreness（graph＝网络类对象名，mode＝方向类型）

其中，无向网络忽略参数 mode；有向网络中参数 mode 的可取值有"all"，"out"，"in"，一般取"all"。

例如，对于 G_{11} 网络计算 k-核。具体代码和部分结果如下：

graph. coreness（graph＝G_{11}）

[1] 2 2 2 2 2 3 2 2 2 3 3 3

set. seed（12345）

plot（G_{11}，main＝" G_{11} 网络中的 k-核"，layout＝layout. fruchterman.

reingold（G_{11}），vertex. size ＝ 30，vertex. color ＝ graph. coreness（graDh ＝ G_{11}）)

本例中，节点（6，10，11，12）为一个极端情况下的 3-核，其中各节点的核等于 3，表示属于 3-核成员；剩余其他节点构成一个 2-核，各节点的核均等于 2，表示属于 2-核。与 G_{11} 的派系结果相比，k 核作为一个子群，如本例（1，2，3，4，5，7，8，9）构成的 2-核，凝聚程度略低。其意义在于将 4 个高凝聚性但重要程度不高的派系合并在一起，克服了派系的某些不足。

三、社区和组件及 R 实现

（一）社区及 R 函数

通常认为网络可能由多个社区（Community）组成。社区，也称模块，是一个子网络，特点是子网络内部各节点的连接相对紧密，子网络之间的连接相对稀疏。

1. 社区结构划分算法概述

网络社区结构的划分方法众多，主要有基于划分的方法、模块度方法、随机游走方法、密度子图方法等多类方法。每类方法又有众多具体策略不同的算法。

以格文（Girvan）和纽曼（Newman）提出的 $G-N$ 算法为例，算法属于基于划分方法的范畴，以连接的中间中心度为依据进行网络分割。因社区内部节点之间的联系相对紧密，社区之间只是有较少量的连接，所以直观上社区间的连接比社区内部的连接有着更大的中间中心度。基于这样的理解，$G-N$ 算法通过逐步移除具有较高中间中心度的连接，把社区划分开来，进而最终得到相互独立的社区。

再如，一种基于随机游走（Random Walk）的网络社区结构划分算法，思路类似统计学中基于相似性度量的分层聚类（Hierarchical Clustering）。算法基于邻接矩阵等计算各个节点的相似度，并以相似度为基础进行分层聚类。最初将网络中的每个节点视为一个独立的社区，然后逐步合并相似度高的节点，直到所有节点合并为一个社区为止。

诸多社区结构划分算法都存在怎样的社区划分较为合理的问题。事实上，网络社区结构划分的合理性在于划分所得的各个社区，其内部是否确实有较高的凝聚性，为此可采用模块度进行测度。

2. 相关 R 函数和示例

由于网络社区划分算法众多，因篇幅所限，这里仅给出相关算法的 R 函数。

edge，betweenness，community 函数，用于实现基于边的中间中心度的社区结构划分；leading，eigenvector，community 函数，用于实现基于模块度的谱策略进行社区结构划分，由纽曼提出；fastgreedy. community 函数用于实现基于模块度得分优化的社区结构划分 F-N 算法；spinglass. community 函数，用于实现杰伦·

布鲁格曼（Jeroen Bruggeman）等人提出的基于正负连接的社区结构划分；walk-trap. community 函数实现基于随机游走方法的社区结构划分。关于算法的详细内容，有兴趣的读者可参考其他论文或书籍。

dendPlot 函数可将不同算法的节点融合的过程以树形图的形式展示出来，基本书写格式如下：

dendPlot（社区结构划分结果对象）

各种算法函数都会给出基于最终社区结构划分结果的模块度 Q 值，也可以利用 modularity 函数单独计算 Q 值，函数的基本书写格式如下：

modularity（x＝网络类对象名，membership＝社区结构划分结果对象）

例如，对 G_{11} 网络，利用 $G-N$ 算法找到社区并计算模块度值，具体代码和结果如下：

（com. G_{11}＜－edge. betweenness. community（graph＝G_{11}））　　#基于边的中间中心度的 $G-N$

graph community structure calculated with the edge betweenness algorithm

number of communities（best split）：3

modularity（best split）：0. 44875

membership vector：

［1］　1　1　1　1　2　3　2　2　1　3　3　3

length（x＝com. G_{11}）　　#社区个数

［1］3

sizes（communities＝com. G_{11}）

communitysizes

1 2 3

5 3 4

membership（communities＝com. G_{11}）

［1］　1　1　1　1　2　3　2　2　1　3　3　3

modularity（x＝G_{11}，membership（com. G_{11}））　　#计算模块度

［1］0. 44875

set. seed（12345）

plot（G_{11}，main＝" G_{11} 网络中的社区"，layout＝layout. fruchterman. reingold（G_{11}），vertex. color＝com. G_{11} \$ membership+1）　　#可视化社区结构

dendPlot（com. G_{11}）　　#社区成员的树形图

本例中，G_{11}网络包含 3 个社区，网络的模块度等于 0.448，是众多社区结构划分结果中最大的，也是最为合理的社区结构划分结果。图 4-2 直观展示了派系、k-核以及社区的差异性和特点。社区成员的树形图如图 4-2 所示。

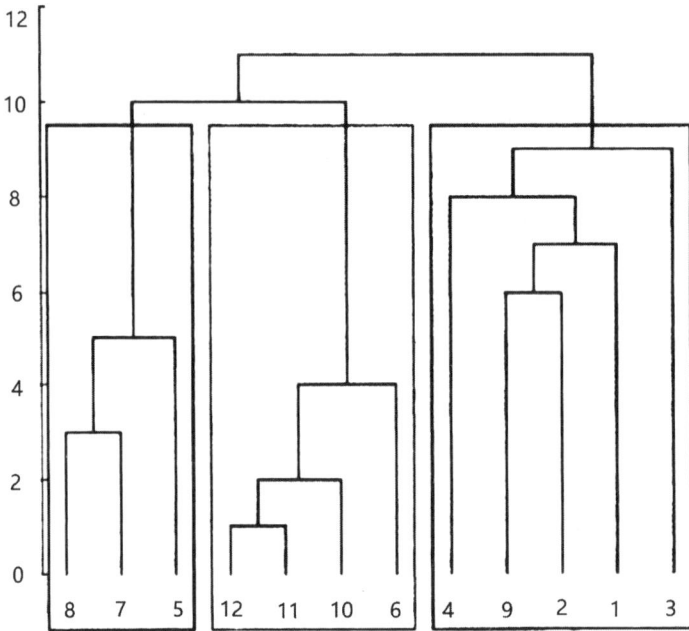

图 4-2　$G-N$ 算法的社区成员树形图

不同矩形框代表不同的社区，且直观展示了各个节点逐步融合为社区的过程。例如，第 11 和 12 号节点首先融为社区，然后第 10 号节点加入该社区中等。因不同社区结构划分算法不同，社区成员的树形图也有差异。

(二) 组件及 R 函数

正如前文讨论的，组件作为最大连通性子网络，其凝聚程度可能低于派系等，但因"对外"没有连接而具有强独立性。包含一个组件和包含多个组件的网络，一方面子群构成特点不同；另一方面集体行动理论和公共产品理论的研究表明，前者中的成员更可能获得集体产品。所以，发现网络中的组件也是子群分析的重要内容。

R 中与组件有关的函数是 clusters 函数和 decompose. graph 函数。clusters 函数用于计算网络中包含几个组件以及相关的组件信息；decompose. graph 函数用于提取网络中的组件。

cluster 函数的基本书写格式如下：

clusters（graph＝网络类对象名，mode＝组件类型）

其中，参数 mode 针对有向网络，可取"weak"或"strong"，表示是否忽略有向网络的方向性，寻找弱组件或强组件。clusters 函数的返回结果为包含 3 个成分的列表，成分名为 membership，csize，no，依次表示各组件的成员、组件大小和组件个数。

decompose. graph 函数的基本书写格式同 clusters 函数。

第四节   主要网络类型及特点

网络科学研究中，依据度分布等特性将众多网络划分成四种类型：规则网络、随机网络、小世界网络和无标度网络。网络类型的划分有助于研究者从规范化视角审视网络的特性。

网络由节点和连接组成。不同网络类型的主要差异在于，网络中任意两个节点 n_i 和 n_j 间的连接是确定性的、随机性的，还是确定性和随机性的不同程度的混合。规则网络和随机网络是确定性和随机性下的两种极端网络。小世界网络和无标度网络介于规则网络和随机网络中间。小世界网络具有大部分的确定性和少部分的随机性，而无标度网络具有大部分的随机性和少部分的确定性。

一、规则网络及特点

规则网络是指网络中任意两个节点 n_i 和 n_j 间的连接是确定性的，连接的规律性导致规则网络的拓扑结构往往具有特定的"形态"。

（一）k -规则网络

k -规则网络（k -Regularity Graph）是典型的规则网络。所谓 k -规则网络是指网络中的每个节点均与 k（$k \le N-1$，N 为节点个数）个节点存在直接连接的网络。

例如，完备性网络就是一个典型的 k -规则网络，$k = N-1$，每个节点均与其余的 $N-1$ 个节点直接相连。

再如，环形网络也是一种规则网络。$k = 2$ 时，每个节点均与两个节点存在连接。$N = 10$，$k = 1$，3，4，…，8 的 k -规则网络，具体代码如下：

layout（matrix（1：9，nrow＝3，byrow＝TRUE））

set. seed（12345）

G<-graph. full（n＝10）   #完备网络

plot（G，main＝c（"平均测地线距离"，average. path. length（graph＝G），

2））

G<-graph. ring（n＝10）   #环形网络

plot（G，main＝c（"平均测地线距离"，round（average. path，length

（graph＝G），2）））

set. seed（12345）

G<-lapply（c（1，3：8），FUN＝k. regular. game，no. of. nodes＝10）

#k＝1，3：8的规则网络

sapply（G，FUN＝function（x）

plot（x，vertex. label＝NA，main＝c（"平均测地线距离"，round

（average. path. length（graph＝x），2））））

graph. ring（n＝节点个数）#用于生成环形网络

可见，k-规则网络的各个节点有相同的节点度，网络熵等于0。同时，网络的平均测地线距离均比较小。

（二）星形网络和平衡2-叉树网络

星形网络和2-叉树网络也属于规则网络的范畴。星形网络中有 $N-1$ 个节点均与剩下的一个节点 n_i 直接相连，它们的节点度均等于1，节点 n_i 的度等于 $N-1$，网络熵为 Ent（G），它与网络节点个数有关。节点个数越多，网络熵越小，越接近于0。

平衡2-叉树网络，除叶节点之外，每个节点都有两个子节点，共有 $N-1$ 条连接。根节点的度等于2，叶节点的度等于1，其余节点的度都等于3，节点度只可能取1，2，3。平衡2-叉树中根节点和叶节点与其他大多数节点的连接规律不一致，是导致网络熵大于1的主要原因。

R 中生成星形网络和平衡2-叉树网络的函数是 graph. star 和 graph. tree。

包含10个节点的星形网络和15个节点的2-叉树网络，具体代码和部分结果如下：

par（mfrow＝c（2，1））

set. seed（12345）

G<-graph. star（n＝10, mode＝" undirected"）　　#生成星形网络

entropy（y＝table（degree（graph＝G）），unit＝"log2"）　　#网络熵

［1］　0. 4689956

plot（G, vertex. label＝NA, main＝c（" 星形网络平均测地线距离"，
average. path, length（graph＝G）））　　#星形网络

G<-graph. tree（n＝15, children＝2, mode＝"undirected"）　　#生成2-叉树
网络

entropy（y＝table（degree（graph＝G）），unit＝"log2"）

［1］　1. 272906

plot（G, vertex, size＝30, main＝c（"2-叉树网络平均测地线距离"，round
（average. path. length（graph＝G），2）））　　#属性网络

总之，规则网络具有低熵和零熵，网络的平均测地线距离相对较低。规则网络在计算机设计、有限元分析、材料晶体结构以及建筑建模中都有重要的应用价值，也是网络分析的起点。例如，由后面的讨论可以看出，k-规则网络是小世界网络研究的基础。

二、随机网络及特点

随机网络是最早被研究的网络之一，20 世纪 50 年代有关图论研究的文献中就有对随机网络的讨论。大规模随机网络的最大特点是，节点的度分布服从泊松分布，网络熵随网络密度的增加呈非线性变化，网络密度为 0.5 的随机网络具有最大的网络熵。

（一）随机网络的节点度分布和 R 函数

这里，将包含 N 个节点和 E 条连接的随机网络看成包含 W 个节点的空网络（不存在任何连接）随时间 $t＝0$，1，2，…，E 推移逐步演变的结果。其中，每个时刻 t 均在上个时刻 $t-1$ 的基础上随机挑选一对节点，并在其间增加一条连接，经过 E 步，直到添加 E 条连接为止。

在随机网络中，因忽视各个节点的属性差异，E 次节点挑选中节点 n_i 是否被选中是完全随机的，且与其他节点 n_j 是否被选中无关。从这个角度讲，网络中任意节点 n_i 和 n_j 间可能存在直接连接（$y_{ij}＝1$），也可能不存在（$y_{ij}＝0$），完全取决于节点的随机挑选，节点间的连接具有随机性和独立性。

R 中的 erdos. renyi. game 函数生成一个随机网络，基本书写格式如下：

erdos. renyi. game（n＝节点数，p. or. m＝概率或连接数，type＝类型名）

其中，参数 type 的可取值为"gnm"，"gnp"。"gnm"表示按指定节点个数和连接个数生成随机网络。此时，参数 p. or. m 应给连接个数。事实上，参数"gnm"表示按照厄尔多斯（Erdos）和瑞尼（Renyi）提出的生成规则（即上述过程）生成随机网络，该网络称为 Erdos-Renyi 随机网络，简称 ER 网络；"gnp"表示按指定节点个数，任意两节点间存在连接的概率为指定值生成随机网络。该生成规则是吉尔伯特（E. N. Gilbert）提出的，相应的网络称为 Gilbert 随机网络。

例如，生成节点数等于 100，连接数等于 200 的 Erdos-Renyi 随机网络。

```
set. seed（12345）
par（mfrow＝c（1，2））
ER<-erdos. renyi. game（n＝100，p. or. m＝200，type＝"gnm"）
#生成 Erdos-Renyi 随机网络
barplot（table（degree（graph＝ER）））/100，xlab＝"度"，ylab＝"频率"
main＝c（"随机网络的度分布"，paste（"平均度:"，mean（degree（graph＝ER）），sep＝""））    #可视化度分布
lines（0：10，dpois（0：10，lambda＝4），col＝2）    #泊松分布曲线
```

（二）随机网络的熵

从随机网络的生成过程看，网络连接数是影响网络的重要参数。极端情况下，当连接数 $E = N(N-1)/2$ 时，所得网络即为完备网络，网络密度最大等于 1，网络熵等于 0，是规则网络。所以，随机网络的随机性与连接个数或网络密度有密切关系。

为此，通过数据模拟，考察网络密度与随机性（网络熵）的关系。

这里，设网络节点数为 100，连接个数从 100 增加至 4 900，分别计算网络密度和熵并绘制密度与熵的散点图，具体代码如下：

```
library（"entropy"）
den. ER<-vector（）
en. ER<-vector（）
set. seed（12345）
for（iin 100：4900）{
```

ER<-erdos. renyi. game （n=100, p. or. m=i, type="gnm"）

den. ER<-c （den. ER, graph. density （graph=ER））

en. ER<-c （en. ER, fentropy （y=table （degree （graph=ER）），unit="log2"））

}

plot （den. ER, en. ER, Xlab="网络密度", ylab="网络熵", cex=0.5)

当网络密度在较高水平或者较低水平时，网络熵快速下降至0，此时随机网络并不具有随机性，其度分布与泊松分布也相距较大。当网络密度在0.5时，网络熵达到最大，网络的随机性最高。可见，随着网络密度偏离0.5，随机网络就不再那么随机，应用中不应忽略这一特点。

事实上，现实生活中的大部分网络，例如，电路布线图、道路和铁路、水利系统以及大多数的复杂系统，都不是完全随机的。研究随机网络的意义在于，可以从一个随机网络开始观察其如何随着时间的推移，演变成某种形态的非随机性网络。这个过程在网络分析中称为涌现。例如，新产品市场一般是一个随机网络，节点代表商品和消费者，商品和消费者间的连接表示商品的购买。随着市场的不断成长，随机网络将演变成一种仅有少数商品被较多消费者购买，即仅有少数节点与较多其他节点相连的非随机网络。

三、小世界网络及特点

小世界网络是介于规则网络和随机网络之间的一种网络，一般具有大部分的确定性和少部分的随机性。这里，以小世界网络的生成过程为出发点，讨论什么是小世界网络，以及小世界网络的特点。

20世纪90年代末，小世界网络的生成规则被提出，所得网络称为Watts-Strogate网络或WS小世界网络。其核心思想是，首先，WS小世界网络起步于一个规则网络，如k-规则网络；其次，对规则网络中的每条连接，以重连概率p，将连接的一端重新连接到随机挑选的节点上。最终有E_p条连接进行过重连，余下的$(1-p)E$条连接保持不变。WS小世界网络的随机性体现在印条随机化的连接中。其随机性取决于重连概率p。

R的watts. strogatz. game函数可依上述规则生成WS小世界网络，基本书写格式如下：

watts. strogatz. game （dim=维数, size=节点个数, nei=邻域半径, p=重连概

率）

其中，参数 dim 通常取 1；size 为网络的节点个数；参数 nei 指定的邻域半径是指节点应与邻域半径内的所有节点相连。

为观察 WS 小世界网络从规则网络到部分随机网络的演变过程，做如下模拟：

set. seed（12345）

par（mfrow＝c（2，2））

G<-watts. strogatz. game（dim＝1，size＝50，nei＝3，p＝0）   #生成规则网络

plot（G，vertex. label＝NA，vertex. size＝5，main＝"规则网络"）

plot（degree（graph＝G），main＝"规则网络的度序列"，xlab＝ylab＝"节点度"，type＝"1"）

transitivity（graph＝G，type＝"global"）   #计算网络聚类系数

［1］   0. 6

average. path. length（graph＝G，directed＝FALSE）   #计算平均测地线距离

［1］   4. 591837

G<-watts. strogatz. game（dim＝1，size＝50，nei＝3，p＝0. 01）   #生成 WS 小世界网络

plot（G，vertex. label＝NA，vertex. size＝5，main＝"WS 小世界网络（p＝0. 01）"）

plot（density（degree（graph＝G）），main＝"WS 小世界网络（p＝0. 01）的度分布"，xlab＝"节点度"，ylab＝"密度"）

transitivity（graph＝G，type＝"global"）

［1］   0. 5657371

average. path. length（graph＝G，directed＝FALSE）

［1］   3. 880816

说明：

首先，指定重连概率 p＝0 意味着生成一个规则网络。该网络包含 50 个节点，与邻域半径为 3 的节点相连，即各个节点的度为 6。规则网络各节点的度均等于 6，网络的聚类系数等于 0. 6，平均测地线距离为 4. 6。

其次，指定重连概率 p＝0. 01，即仅对 1%的连接做随机化重连。WS 小世界网络仍具有较大部分的规则性，同时也有小部分的随机性。与原来的规则网络相

比，聚类系数为 0.57，变化不大。但平均测地线距离减少幅度较大，从 4.6 减少到 3.88。研究表明，随着网络重连概率 p 的增大，网络熵逐渐增大，网络的平均测地线长度将呈指数下降。WS 小世界网络的度分布较陡，且随重连概率 p 的增加而逐渐趋于平缓，是个类泊松分布。

米尔格拉姆（Milgram）对小世界网络研究结果表明，小世界网络具有小世界效应，即在规则网络的基础上，随机化很少的连接就可以使网络的平均测地线距离快速减少，且仍基本保持原有的网络凝聚性。与同等规模的随机网络相比，小世界网络的聚类系数较大，具有较强的网络凝聚性。

大量研究表明，现实世界中相当一部分的网络属于小世界网络，如互联网、学术研究合作网、生态食物链网等。社会学研究表明，人际关系网络也属于小世界网络，并有六度分隔理论（Six Degrees of Separation）之说，即在社会网络中，和任何一个陌生人之间所间隔的人不会超过六个，最多通过五个彼此熟悉的中间人就可联系任何两个互不相识的陌生人。它强调的是小世界网络的平均测度线距离较短的特点。

第五章　基于 Hadoop 的大数据平台构建

第一节　Hadoop 整合平台的使用与管理

这里将使用 Hadoop 软件自带的词频统计程序来分析数据文件中的每个英文单词的出现次数。这里以小说《教父》（*The Godfather*）作为示例数据文件，数据文件的大小约为 926KB，文件内容全部为只包含英文单词、英文符号、空格、空行标准的英文文本。词频统计程序默认只能识别标准的文本文件，而不能识别 Word 文件或是 PDF 文件，所以这里所使用的数据文件为 txt 格式的文本文件。

一、Hadoop 平台的启动与关闭

在 Hadoop 软件中提供了一些现成的脚本文件命令来帮助使用者更为方便地启动和关闭整个 Hadoop 平台。在之前的 Hadoop 整合平台的搭建环节中，在 Hadoop 平台的格式化与启动的部分已经介绍了 Hadoop 平台中常用的几个启动命令，其中包括用于单独启动 HDFS 文件系统的命令 "start-dfs. sh"，用于单独启动 YARN 资源管理器的命令 "start-yarn. sh"，以及用于同时启动包括 HDFS 文件系统和 YARN 资源管理器在内的整个 Hadoop 平台的命令 "start-all. sh"。不过，"start-all. sh" 命令在新版本的 Hadoop 软件中已经不推荐使用，在使用该命令的时候会出现 "This script is Deprecated" 的提示信息，并且会被自动替换为依次使用 "start-dfs. sh" 命令和 "start-yarn. sh" 命令来启动 Hadoop 平台。

需要注意的是，通过使用 "start-dfs. sh" 命令和 "start-yarn. sh" 命令分别启动 HDFS 文件系统和 YARN 资源管理器来启动 Hadoop 平台时，以及通过使用 "stop-dfs. sh" 命令和 "stop-yarn. sh" 命令分别关闭 HDFS 文件系统和 YARN 资源管理器来关闭 Hadoop 平台时，最好按照一定的顺序进行操作。由于在 YARN 资源管理器中运行 MapReduce 程序需要使用到 HDFS 文件系统，所以在启动 Hadoop 平台时应该先启动 HDFS 文件系统，然后再启动 YARN 资源管理器。而在关

闭 Hadoop 平台时应该先关闭 YARN 资源管理器，然后再关闭 HDFS 文件系统。这样做可以尽量避免错误的发生。

　　除了上面介绍的常用 Hadoop 平台的启动和关闭命令之外，Hadoop 中的所有组件的各个服务还可以单独启动和关闭。如在前面的 Hadoop 平台的安装和配置的常见问题及解决方法中提到过的 "hadoop HDFS 服务名" 命令和 "yarn YARN 服务名" 命令就是分别对应单独启动 HDFS 文件系统中指定服务和单独启动 YARN 资源管理器中指定服务的操作。其中的服务名与启动之后查看到的 Java 进程名称基本一样，只不过全部是小写字母，如 namenode、secondarynamenode、datanode、journalnode、resourcemanager、nodemanager，唯 一 不 同 的 是 DFSZK-FailoverController 进程对应的服务名为 zkfc。但这两个命令是以前台进程的方式来启动 Hadoop 的指定服务，该服务进程会随着控制台的关闭而关闭，而在通常情况下，我们都希望 Hadoop 的所有服务进程能够以守护进程的方式启动并运行。所以在单独启动指定服务时，需要使用到脚本文件命令 "hadoop-daemon. sh" 和 "yarn-daemon. sh"，两者分别对应 HDFS 文件系统和 YARN 资源管理器。这两个命令在之前的 Hadoop 高可用模式格式化和启动部分都有用过，其完整的启动和关闭命令格式如下。

　　启动 HDFS 服务：hadoop-daemon. sh start HDFS 服务名

　　关闭 HDFS 服务：hadoop-daemon. sh stop HDFS 服务名

　　启动 YARN 服务：yarn-daemon. sh start YARN 服务名

　　关闭 YARN 服务：yarn-daemon. sh stop YARN 服务名

　　另外，如果通过单独启动每个服务来启动整个 Hadoop 平台，需要严格按照指定的顺序来启动。首先是组件的启动顺序，依然按照先启动 HDFS 文件系统，再启动 YARN 资源管理器的顺序；其次 HDFS 文件系统中服务的启动顺序为 namenode→datanode→journalnode→zkfc；最后 YARN 资源管理器中服务的启动顺序为 resoucemanager→nodemanager。而通过单独关闭每个服务来关闭整个 Hadoop 平台时，关闭顺序也是严格按照启动顺序的逆向顺序来关闭。如果启动和关闭的顺序不正确，有可能导致 Hadoop 平台启动失败，或者关闭时导致 MapReduce 任务出错或是数据丢失。总体来说，Hadoop 平台中服务的单独启动和关闭通常只是在一些特定场合使用，而不推荐用于启动和关闭整个 Hadoop 平台，因为其操作复杂且容易出错，而达到的效果和常用的 Hadoop 平台启动和关闭命令却是一样的。

二、向 HDFS 上传数据文件

Hadoop 平台在搭建完成之后，HDFS 文件系统中是没有任何数据的。而要往 HDFS 中存放数据，就需要使用到 Hadoop 客户端中的相关操作命令，或者是通过 HDFS 的相关 API 接口来编写程序实现。这里介绍的是使用 Hadoop 客户端中的相关操作命令的方式。

Hadoop 客户端中的命令包括了用户命令和管理命令两大类。前面提到过的单独启动指定服务的命令"hadoop HDFS 服务名"就是属于 Hadoop 命令中的管理命令，当然该命令除了单独启动指定服务之外，还可以通过添加一些选项来执行一些其他操作，如格式化 HDFS 文件系统的命令"hadoop namenode-format"。而 Hadoop 命令中文件操作相关的命令属于用户命令中的 FS 命令，包括了文件的上传、下载、新建、删除、复制、移动等一系列操作。而由于文件操作命令是 Hadoop 客户端中最常用的命令，所以 FS 命令又被称为 Shell 命令。FS 命令的常见使用格式有以下三种：

hadoop　fs　｛args｝

hadoop　dfs　｛args｝

hdfs　dfs　｛args｝

三种不同使用格式的区别如下：

1. "hadoop fs"命令除了可以操作 HDFS 文件系统之外，还可以操作多种其他的文件系统，多用于操作系统的本地文件系统或是网络中的其他文件系统与 HDFS 文件系统的交互操作中，其使用最为广泛。

2. "hadoop dfs"命令与"hdfs dfs"命令只能操作 HDFS 文件系统，并且前者只存在于比较老的 Hadoop 版本分支中，而后者则是存在于比较新的 Hadoop 版本分支用于替代前者。

3. 在新的 Hadoop 版本中"hadoop fs"命令和"hadoop dfs"命令已经基本相同，"hadoop dfs"命令也可以对一些 HDFS 文件系统之外的其他文件系统进行操作。

FS 命令中"｛args｝"部分的具体文件操作命令与 Linux 操作系统下的文件操作命令基本相似，甚至有一些命令与 Linux 操作系统下的文件操作命令完全一样。在后面介绍的 FS 命令中，和 Linux 操作系统中的命令同名的命令在功能和用法上也基本相同。

而在使用 FS 命令时，还需要注意一些路径书写上的问题。若是操作系统的本地文件系统中的文件，其访问路径为"file:///操作系统中目录或文件路径"，并且不能使用文件相对路径。若是操作远程的 HDFS 文件系统中的文件，则访问路径为"hdfs://Hadoop 访问路径：端口号/HDFS 中的目录或文件路径"，并且同样不能使用文件的相对路径。而如果 Hadoop 平台位于当前操作系统的本地，则访问路径可以直接使用"/HDFS 中的目录或文件路径"的方式。并且在操作 HDFS 文件系统中的文件时可以使用相对路径，而相对路径的起始点固定为当前操作系统用户位于 HDFS 文件系统中的对应用户目录，如操作系统用户"hadoop"在 HDFS 文件系统中的用户目录路径为"/user/hadoop"。

4. 使用 Hadoop 的专用用户登录到 Hadoop 平台中任意主机的操作系统，在 HDFS 文件系统的操作系统用户对应目录下创建"data"目录，用于存放之后用作词频统计分析的原数据的数据文件，这里使用的是相对路径的方式在 HDFS 文件系统中创建目录，具体命令如下：

hadoop　fs-mkdir　data

5. 在 HDFS 文件系统下查看操作系统用户对应目录下的文件和目录信息，检查"data"目录是否创建成功，具体命令如下：

hadoop　fs　-ls

hadoop　fs　-ls　/user/hadoop

两个命令分别采用的是相对路径和绝对路径的方式，都可以正常进行查看，但显示的结果会有一些区别。

6. 将数据文件"The Godfather. txt"上传至 HDFS 文件系统中，存放在之前在操作系统用户对应目录下创建的"data"目录中，可使用的具体命令如下：

hadoop　fs　-cpfile:///home/hadoop/The_ Godfather. txt /user/hadoop/data

Hadoop　fs　-put　/home/hadoop/The_ Godfather. txt /user/hadoop/data

hadoop　fs　-copyFromLocal　/home/hadoop/The_ Godfather. txt　data

三个命令都可以实现从本地文件系统中将文件拷贝至 HDFS 文件系统之中的操作，任选其一使用即可。三者之间的区别在于"cp"命令可以实现在任何文件系统之间进行双向的文件拷贝操作，并且在对本地文件系统进行操作时需要使用完整的本地文件系统访问路径"file:///操作系统中目录或文件路径"。而"put"命令和"copyFromLocal"命令只能完成将本地文件系统中的文件拷贝至 HDFS 文件系统之中的单向文件拷贝操作，但只需要使用一般的本地文件系统访问路径"/

操作系统中目录或文件路径"来操作本地文件系统即可，因为命令会自动在本地文件系统之中查找除最后一个路径参数之外的所有路径参数。"copyFromLocal"命令与"put"命令的区别在于前者限制源路径只能有一个，而后者可以拥有多个源路径，使用起来更加灵活。

7. 通过查看上传至 HDFS 文件系统上的文件的大小或内容，检查文件的上传操作是否成功，具体命令如下：

hadoop   fs   -du   /user/hadoop/data/The_ Godfather. txt

hadoop   fs   -cat   data/The_ Godfather. txt

（由于数据文本的内容过长，这里不使用截图展示"cat"命令的使用效果）

三、运行词频统计分析程序

1. 这里使用的词频统计程序是 Hadoop 软件自带的一个示例程序，该程序被打包在 Hadoop 软件中的 Jar 包"hadoop-mapreduce-examples-2.7.3. jar"内，该 Jar 包位于 Hadoop 软件下的"sharelhadooplmapreduce"目录中。

2. 在 Hadoop 的 2.7.3 版本的软件包 hadoop-2.7.3. targz 已经不再带有 Hadoop 项目的源代码，但其可以从 Apache 的官方资源网站（http://archive. apache. org/dist/）上获取。在该资源网站中包含了所有 Apache 项目的各种历史版本的 Release 包、源代码包等，之前及之后所使用到 Hadoop 及其各种组件的软件，若在其对应官方网站页面无法下载到所需要的版本，都可以在该资源网站中进行下载。

本书所使用的 Hadoop 的 2.7.3 版本所对应的所有资源在该资源网站中的存放路径为"hadoop/core/hadoop-2.7.3"，其中除了之前搭建 Hadoop 平台所使用到的 Release 包"hadoop-2.7.3. tar. gz"之外，另一个名为"hadoop-2.7.3-src. tar. gz"的软件包便是该版本 Hadoop 项目所对应的源代码包。

3. 这里所使用的词频统计分析示例程序的源代码文件在源代码包中的存放位置为"hadoop-2.7.3-srclhadoop-mapreduce-projectlhadoop-mapreduce-examples \ srelmain \ javalorg'apachelhadooplexamples"，文件名称为"WordCountjava"。

4. Hadoop 的 2.7.3 版本所提供的原始词频统计分析程序运行产生的结果可能不太符合正常的需求，因为它只是以""（空格）、"\ t"、"\ n"这几个符号来分隔字符串，这会使得统计出来的单词并不是真正的英文单词，而是会包含有各种各样的符号或其他类型的文字，甚至会有"young,"这样的英文单词和标点符号在一起的字符串，并且这种字符串会被认为是和"young"不一样的另一个单词。而首字母大小写不同的同一个单词，也会被认为是不一样的两个单词。

所以这里需要将原版的词频统计分析程序的代码进行一些优化，主要是对map函数中的分词方式相关代码进行一些修改，使其只从文本中提取出英文单词或字母，并且将所有单词全部转换成小写之后再进行统计。这里修改了Mapper类和Reducer类的类名，是为了避免在之后的打包运行时使用到Hadoop中的同名类，从而导致修改的内容失效。

5. 源代码修改完成之后，将"WordCountjava"文件单独导出为Jar包"WordCountjar"，然后拷贝到Hadoop平台中的任意主机之上。

6. 使用Hadoop的用户命令中的"jar"命令来运行修改之后的词频统计分析示例程序的具体命令如下：

hadoop　jar　WordCount. jar　WordCount　data　output

该命令在之前的Hadoop平台搭建的验证过程中已经使用过，被用于运行计算PI值的示例程序。下面是对该命令中各个参数的说明。

WordCount. jar——指定所要运行的程序的Jar包名称以及在本地文件系统中的存放路径，可以是相对路径也可以是绝对路径。

WordCount——指定程序运行的入口类（包含有main函数的主类）的类名。

data——指定用于进行词频统计分析的原数据文件在HDFS文件系统中的存放目录，可以有多个目录的路径。这个参数所代表的路径必须是一个目录，而不能是一个文件，这里使用的是相对路径。由于MapReduce程序会自动遍历该目录下的所有可以读取的文本文件，所以要保证该目录下没有其他与当前任务不相关的文件，避免运行之后的结果出现问题。从这个参数开始，以及后面的所有参数都是传递给入口类的main函数的参数。

outpu——指定程序运行之后输出的结果文件在HDFS文件系统中的存放目录的路径，这里使用的是相对路径。MapReduce程序的运行结果目录必须是一个在当前HDFS文件系统中不存在的目录，即便是空目录也不行，否则程序运行会报错并中止。

不过直接使用上面的命令来运行示例程序会报错。错误的原因是命令找不到WordCount类。由于之前是直接在Hadoop的2.7.3版本的源代码项目中修改WordCount类，所以该类实际上是存在于"org. apache. hadoop. examples"这个包路径下面。可以通过两种方式来解决该问题：一种是在打包"WordCountjava"

文件时，创建一个配置文件"MANIFEST. MF"，在其中的配置项"Main-Class"中指定入口类的完整路径为"org. apache. hadoop. examples. WordCount"；另一种方法是在命令中直接指定入口类的完整路径，即使用一定命令来运行示例程序。

四、查看示例程序运行结果

1. 查看 HDFS 文件系统中操作系统用户对应目录下的文件和目录信息，可以看到新增的"output"目录。继续查看该目录中的文件，有"_ SUCCESS"和"part-r-00000"两个文件。其中"_ SUCCESS"文件为运行结果状态文件，里面没有任何内容，只是通过文件名来表示运行成功或者失败；而"part-r-00000"文件就是真正的运行结果文件，里面存放着词频统计分析程序对原数据文件中的英文单词的词频的统计分析结果。

2. 由于结果文件中的内容较多，不方便使用 Hadoop 的客户端命令直接进行查看，所以将其下载到本地文件系统之中使用 Linux 操作系统的"more"命令或是 vi/vim 文本编辑器来进行查看。从 HDFS 文件系统下载文件到本地文件系统的具体命令如下：

hadoop　　fs-cp　　output/part-r-00000　　file:///home/hadoop/

hadoop　　fs-get　　output/part-r-00000　　/home/hadoop/

hadoop　　fs-copyToLocal　　output/part-r-00000　　/home/hadoop/

三个命令都可以实现从 HDFS 文件系统中将文件拷贝至本地文件系统之中的操作，任选其一使用即可。"cp"在前面已经进行过说明，可以在任何文件系统之间进行双向的文件拷贝操作，只是需要注意访问不同文件系统时的不同访问路径问题。而"get"命令和"copyToLocal"命令与之前的"put"命令和"copy-FromLocal"命令相似，只是操作方向相反而已。这两个命令都只能完成将 HDFS 文件系统中的文件拷贝至本地文件系统之中的单向文件拷贝操作，对于命令中的最后一个参数会自动在本地文件系统之中进行查找，所以只需要使用一般的本地文件系统访问路径即可。而两个命令之间的区别也是前者限制源路径只能有一个，而后者可以拥有多个源路径，使用起来更加灵活。

3. 此时如果再次使用之前的命令来运行 Jar 包"WordCountjar"中的示例程序，会出现错误信息并中止程序的运行。出错的原因是结果文件的存放目录"output"在上一次运行该示例程序时已经在 HDFS 文件系统中创建，而该参数必须是一个在 HDFS 文件系统中不存在的目录路径。避免该错误的方法是在第二次运行该示例程序时修改结果文件的存放目录的名称或路径，也可以删除 HDFS 文件系统中上次运行该示例程序产生的结果文件存放目录"output"，然后再运行示例程序。从 HDFS 文件系统中删除文件和目录的操作具体命令如下：

Hadoop fs -rm -R output

在删除目录时必须添加命令选项"-R"，否则命令的运行会报错。

五、Hadoop 平台的 Web 管理界面

Hadoop 平台中的很多组件都提供了 Web 客户端，不过一般来说这些自带的 Web 客户端都只能对对应的组件进行监控，而不能进行操作。

（一）HDFS 的 Web 管理界面

Hadoop 平台中的 HDFS 文件系统的 Web 客户端的端口号为"50070"，访问地址为平台中任意 NameNode 服务节点主机的主机名或 IP 地址访问的是处于 Standby 状态的 NameNode 服务节点主机，而访问处于 Active 状态的 NameNode 服务节点仅有"Overview"部分的内容有所不同。由于浏览器并不能直接解析 Hadoop 高可用模式平台中在配置文件"core-site.xml"的属性项"fs.defaultFS"中的所配置的命名空间，所以不能直接使用该命名空间的名称来访问 Web 客户端。HDFS 文件系统的 Web 客户端访问端口号可以通过配置文件手动进行配置。

在 HDFS 文件系统的 Web 客户端的主页中展示了 HDFS 平台的一些基本信息，包括平台整体概况、存储空间情况、DataNode 服务节点情况、Journal 服务节点情况、元数据存储位置等信息。而在首页最上面的一排链接中，"Datanodes"中展示了当前平台中所有 DataNode 服务节点的信息。"Datanode Volume Failures"是 Datanode 中的卷出错信息，"Snapshot"是当前平台的快照信息，"Startup Progress"中是平台的启动信息，当前这些信息中都没有任何内容。

而在最后的"Utilities"中包含了 HDFS 文件系统的 Web 客户端最重要的两个功能。一个功能是"Browse the file system"，在该页面中可以直接浏览 HDFS 文件系统中的文件和目录，并且点击其中的文件还可以将文件从 HDFS 文件系统下载到本地文件系统之中。但需要注意的是只有访问处于 Active 状态的 NameNode 服务节点才能使用"Browse the file system"浏览 HDFS 文件系统中的文件和目录。另一个功能是"Logs"，在该页面中可以查看当前 HDFS 平台的日志文件。

（二）YARN 的 Web 管理界面

Hadoop 平台中的 YARN 资源管理器的 Web 客户端的端口号为"8088"，访问地址为平台中 ResourceManager 服务节点主机的主机名或 IP 地址。

在 YARN 资源管理器的 Web 客户端的主页中展示了当前集群中的任务的一些概要信息，其中包括了运行中和已完成的所有任务。在概要信息中的任务列表中，每个任务都可以点击进入该任务的详细信息页面。在任务的详细信息页面有该任务的所有 Attempt 信息，在 Attempt 信息列表中可以点击进入该任务的详细信息页面，也可以查看该 Attempt 所在的 NodeManager 服务节点的详细信息，还可以查看对应的日志信息。

在 YARN 资源管理器的 Web 客户端的主页中的左侧有一系列链接，"Cluster"下面的链接是集群相关信息的监控页面。"About"中可以查看当前集群的一些概要信息。"Nodes"中可以查看当前集群中的所有 NodeManager 服务节点的列表信息，其中的每个 NodeManager 服务节点都可以点击进入该 NodeManager 服务节点的详细信息页面。"Node Label"中可以查看当前集群中的区域划分信息，由于当前没有进行区域划分，所以其中只有一个无名称的默认区域。而最后的"Applications"下面的连接可以查看当前集群中处于不同状态的任务的信息列表，这些任务状态包括"NEW""NEW SAVING""SUBMITTED""ACCEPTED""RUNNING""FINISHED""FAILED""KILLED"。

而在"Tools"下面的链接中，"Configuration"中可以查看当前集群的配置信息，"Local Logs"中可以查看集群当前的日志信息，"Server stacks"中可以查看集群的 Stacks 相关信息，"Server metrics"中可以查看集群的 Metrics 相关信息。

第二节　基于 Linux 的 MySQL 数据库平台的搭建

一、MySQL 数据库

MySQL 是一个关系型数据库管理系统（RDBMS，Relational Database Management System），使用最常用的数据库管理语言 SQL（Structured Query Language，结构化查询语言）来进行数据库的管理。它最早由瑞典 MySQL AB 公司开发，目前属于 Oracle 公司。MySQL 是业内非常流行的关系型数据库，大部分网站的开发，特别是中小型网站的开发都会选择 MySQL 作为数据库。MySQL 和大部分大型开源项目一样采用了双授权政策，分为免费开源的社区版和收费的商业版。

20 世纪末，Monty Widenius 联合 MySQL 的其他几位创始人和主要开发人员创办了 MySQL AB 公司，专门致力于 MySQL 关系型数据管理系统，并与 Sleepycat 合作为 MySQL 添加了事务处理引擎。至此 MySQL 作为一个完整的关系型数据库管理系统已经基本成型。之后，MySQL 被 Sun 公司收购，而后随着 Sun 公司被 Oracle 公司收购，MySQL 成了 Oracle 公司旗下的产品之一。

MySQL 之所以会被业内广泛应用，是因为它具备以下的优势和特点：

MySQL 是开放源代码的，并且没有太多版权制约。开发者和使用者不需要支付额外的费用，大幅降低了使用成本。

MySQL 软件体积小，安装使用简单，并且易于维护，能够有效降低安装及维护成本。

MySQL 支持大型数据库，能够高效地处理上千万条记录的数据。而且服务稳定，很少出现异常宕机。

MySQL 使用标准的 SQL 数据语言形式，开发者、使用者、管理者都极易上手。

MySQL 支持多种操作系统，提供多种 API 接口，支持多种开发语言，特别对现今最流行的 Web 开发语言 PHP 有着非常好的支持。

MySQL 的自主性和可订制性强，其采用了 GPL 协议，开发者和使用者可以自由修改源码来开发满足自己功能需求的 MySQL 系统。

MySQL 历史悠久，社区及用户都非常活跃，遇到问题可以非常方便地寻求到帮助。

随着 MySQL 这么多年的发展，其整个系统也越来越完整和成熟，成千上万的网站依赖于 MySQL。并且对于许多人来说，它就是一个很好的解决方案。但是，适合许多人并不代表一定适合所有人，依然有很多用户的需求 MySQL 无法完全满足。如有些用户觉得现今的 MySQL 已经变得太过臃肿，提供了许多用户可能永远不会感兴趣的功能，牺牲了性能的简单性。或是有些用户认为 MySQL 并没有提供足够多的新功能，或者是添加新功能的速度太慢。他们可能认为 MySQL 没有跟上高可用性网站的目标市场的发展形势，而这些网站通常运行于具有大量内存的多核处理器之上。由于这些原因，MySQL 产生了很多分支，如 XtraDB、Percona、MariaDB、Drizzle 等。其中的 MariaDB 更是替代了 MySQL 在

Linux 操作系统中原有的地位，成为现今大部分 Linux 操作系统的默认安装的关系型数据库管理系统组件。

二、MySQL 单机模式的安装规划

（一） 硬件和软件环境要求

本地磁盘剩余空间 3GB 以上。

已安装 CentOS 7 1611 64 位操作系统。

已完成基础网络环境配置。

（二） 软件版本

选用 MySQL Community Server 的 5.7.18 版本，软件包类型选择基于 Linux 版本的通用类型包 Generic，软件包名为 mysql-5.7.18-linux-glibc2.5-x86_64.tar.gz，该软件包可以在 MySQL 的官方网站（https://www.mysql.com）的开发者社区 DEVELOPER ZONE 的 Downloads 页面（htps://dev.mysql.com/downloads/mysql）获取。

（三） 相关依赖软件

Linux 操作系统下 MySQL 的安装和使用需要依赖软件 libaio，选用该软件的 0.3.109 版本，软件包名为 libaio-0.3.109-13.el7.x86_64.rpm，该软件为 Linux 操作系统的内核模块，可以在操作系统 CentOS 71611 的安装光盘中找到该软件包。

三、卸载 MariaDB 数据库软件

MariaDB 也是和 MySQL 一样的关系型数据库管理系统。它实际上是 MySQL 数据库的发展分支之一，并且同样由 MySQL 的创始人 Michael Widenius 主导开发。其产生的主要原因是为了规避甲骨文公司收购 MySQL 之后可能产生的不开放源代码的风险。

在新版本的 Linux 操作系统中，大部分已经将其自身集成的数据库软件从之前的 MySQL 替换成了 MariaDB。而作为 MySQL 的分支之一，MariaDB 的一些内核组件和底层代码也是沿用的 MySQL 的对应内核组件或是代码实现方式。所以在自定义安装 MySQL 数据库软件时，需要将 Linux 操作系统自带的 MariaDB 数据库

软件卸载，以避免与将要安装的 MySQL 数据库软件之间产生冲突的情况。

1. 使用"root"用户登录操作系统。MySQL 单机模式的整个安装和配置过程中的所有步骤，都需要使用 root 用户来进行操作。

2. 使用 RPM 的查询命令"rpm – qa | grep mariadb"或 YUM 的查询命令"yum list installed lgrep mariadb"检查当前主机的操作系统中安装的 MariaDB 数据库软件的软件包名称。

3. 使用 RPM 命令"rpm-e--nodeps 软件包名"或是 YUM 命令"yum-y remove mariadb"将已经安装的 MariaDB 数据库软件包从操作系统中卸载。

四、卸载原有的 MySQL 数据库软件

对于未进行过重新安装操作系统的主机，需要检查其是否已经安装其他老版本的 MySQL 数据库软件。在已安装有其他老版本的 MySQL 数据库软件的情况下，为了避免与将要安装的新版本的 MySQL 数据库软件之间产生冲突的情况，需要先将系统中已有的老版本的 MySQL 数据库软件进行卸载。可以使用 RPM 或 YUM 的查询命令通过关键字"mysql"来查看系统中是否存在已安装的 MySQL 数据库软件包。若存在已安装的 MySQL 数据库软件包，使用 RPM 或 YUM 的软件包删除命令可以将其从系统中卸载。

对于一些老版本的 Linux 操作系统，其自身集成了 MySQL 数据库软件，并且会在操作系统安装的过程中自动进行安装。

若是操作系统中已经安装的 MySQL 数据库软件版本比当前选用的版本更新，并且可以正常使用，那么可以保留该版本的 MySQL 数据库软件，直接进行使用。

1. 使用 RPM 的查询命令"rpm – qa l grep mysql"或是 YUM 的查询命令"yum list installed | grep mysql"检查当前主机的操作系统中是否已经安装了其他版本的 MySQL 数据库软件。

2. 若已经安装有其他版本的 MySQL 数据库软件，使用 RPM 命令"pm-e--nodeps 软件包名"或是 YUM 命令"yum-y remove mysql"将已经安装的 MySQL 数据库软件包从操作系统中卸载。

五、安装 Linux 操作系统的 libaio 模块

libaio 是 Linux 操作系统的异步磁盘 IO 模块，MySQL 数据库的磁盘读写功能

会使用到该模块。该模块虽然是 Linux 操作系统的内核功能模块，但并不是默认的内核模块。在操作系统的安装过程中并不会自动安装到操作系统中，需要手动进行安装。不过作为操作系统的内核功能模块，其安装软件包一般在操作系统的安装光盘中就能找到。

1. 使用 RPM 的查询命令"rpm-qa l grep libaio"或 YUM 的查询命令"yum list installed | grep libaio"检查本机的操作系统中是否已经安装了 libaio 模块。若系统中已经安装有该模块，且版本与将要安装的 libaio 软件包版本相同或是更高，可以跳过接下来的 libaio 模块的安装步骤。

2. 若系统中已经安装有该模块，且版本比将要安装的 libaio 软件包版本低，则使用 RPM 命令"rpm-e--nodeps 软件包名"或是 YUM 命令"yum-y remove libaio"将已经安装的 libaio 模块软件包从操作系统中卸载。

3. libaio 模块的软件安装包为 RPM 格式，可以使用命令"rpm-ivh 软件包路径"利用 RPM 软件包管理工具进行安装。安装完成后不需要进行任何配置。

六、创建专用用户和专用组

对于老版本的 MySQL 数据库软件，需要创建一个名为 mysql 的专用用户和一个名为 mysql 的专用组供 MySQL 数据库软件使用。但在新版本的 MySQL 数据库软件的官方说明文档中已经没有必须创建 mysql 用户和 mysql 组的相关说明，所以创建 mysql 用户和 mysql 组的操作步骤可以不执行。不过如果没有创建 mysql 用户和 mysql 组，那么在后面初始化 MySQL 数据库的时候，指定的用户需要是 root 或者其他的拥有 MySQL 数据库软件所在目录权限的用户。

1. 使用命令"cat/etc/group l grep mysql"检查当前操作系统中是否已经存在名为 mysql 的组，若不存在则使用命令"groupadd mysql"创建 mysql 组。

2. 使用命令"cat/etc/passwd | grep mysql"检查当前操作系统中是否已经存在名为 mysql 的用户，若不存在则使用命令"useradd-r-g mysql mysql"创建 mysql 用户并加入 mysql 组中。其中选项"-r"表示该用户是内部用户，不允许外部登录，不使用此选项也同样可以。

3. 若当前操作系统中存在 mysql 用户以及 mysq1 组，但 mysql 用户不属于 mysql 组，可以使用命令"usermod-g mysql mysql"将 mysql 用户的所属组修改为 mysql。

七、MySQL 单机模式的安装和配置

1. 在操作系统根目录下创建"mysql"目录用于存放 MySQL 的相关文件，该目录也可自行选择其他位置进行创建。创建完成后将当前的工作目录切换到该目录。

2. 使用命令"tar-xzf MySQL 安装包路径"将软件包解压解包到"mysq!"目录下，解压解包出来的目录名为"mysql-5.7.18-linux-glibc2.5-x8664"。

3. 将当前的工作目录切换到操作系统的"/usr/local"目录下，并使用命令"ln-s/mysql/mysql-5.7.18-linux-glibc2.5-x86_ 64 mysql"在该目录下创建一个 MySQL 软件目录的链接。然后将当前工作目录切换到该链接目录。

4. 创建 MySQL 数据文件的存放目录"data"，并使用命令"chmod 770 data"将该目录的权限更改为所属用户和所属组拥有所有权限，而其他用户没有任何权限。

5. 依次使用命令"chown-R mysql."和"chgrp-R mysql."将当前工作目录及其所有子目录和子文件的所属用户和所属组更改为 MySQL 数据库软件的专用用户和专用组。

6. 在操作系统的配置文件"/etc/profile"中配置 MySQL 相关的环境变量，在文件末尾添加以下内容：

#mysql environment

MYSQL_ HOME=/usr/local/mysql

PATH=$ MYSQL_ HOME/bin：$ PATH

export MYSQL_ HOME PATH

7. 使用命令"source etc/profile"使新配置的环境变量立即生效。

8. 使用命令"echo $ 变量名"可以查看新添加和修改的环境变量的值是否正确。

9. 使用命令"mysqld --initialize --user-mysql --basedir=/usr/local/mysql --datadir=/usr/local/mysql/data"对 MySQL 数据库的安装进行初始化，该命令执行过程完成之后会有与一些执行过程相关的输出信息。需要特别注意的是在所有输出信息中最后一行的包含"［Note］"内容的信息，该信息的内容格式如下：

［Note］ A temporary password is generated for root @ localhost：XXXXXXXXXXXXXX

信息末尾的"XXXXXXXXXXXXXX"是安装的初始化程序所生成的随机密码，也就是 MySQL 数据库的 root 用户的初始登录密码。在完成 MySQL 数据库软件的安装和配置之后，首次登录 MySQL 数据库时需要使用此密码。所以这段信息非常重要，最好通过复制或截图等方式将其保存下来。

MySQL 数据库的初始化程序所生成的 root 用户的随机初始登录密码有一定的时间限制，过期之后密码将失效。若忘记随机初始密码或者密码过期无法使用，可以清空 MySQL 数据文件的存放目录"data"中的所有内容，然后重新执行安装的初始化操作。

由于 MySQL 数据库的初始化程序所生成的 root 用户的随机初始登录密码中包含了数字、大小写字母、符号等内容，不仅不便于记忆，而且在密码输入的时候也容易出错。可以选择在 MySQL 数据库软件的安装初始化过程中不生成 root 用户的初始密码，只需要将初始化操作命令改为"mysqld --initialize-Insecure --user＝mysql --basedir＝/usr/local/mysql --datadir＝/usr/local/mysql/data"即可。但若是采用这种方式执行安装初始化操作，数据库会变得不安全，所以一定要记得执行后面修改 root 用户的登录密码的步骤。

10. 使用命令"mysql_ ssl_ rsa_ setup --basedir＝/ust/local/mysql --datadir＝/ust/local/mysqVdata"进行 MySQL 数据库软件的安装。

八、MySQL 单机模式的启动和验证

MySQL 数据库在安装过程中生成的 root 用户的随机初始密码一般较为复杂，难以记忆，通常都会将其重新设定为便于记忆的常用密码。而重新设置 root 用户的登录密码自然需要使用 root 用户身份登录到 MySQL 数据库进行修改，可以通过该操作来验证 MySQL 数据库能否正常使用。

1. 这里使用安全模式来启动 MySQL 数据库服务，对应的启动命令为"mysqld_ safe --user＝mysql --basedir＝/ust/local/mysql --datadir＝/usr/local/mysql/data &"。

使用命令"mysqld"也可以启动 MySQL 数据库，并且后面的选项和参数也相同。但是更推荐使用命令"mysqld_ safe"，因为在安全模式下增加了一些保护机制和安全特性，如 MySQL 数据库服务挂掉的情况下自动进行重新启动的操作，以及在出现错误时向错误日志文件写入相关信息。

2. 使用命令"ps-ef | grep mysql"查看操作系统的进程信息。若存在进程信

息中包含"mysql"关键字的进程则表示 MySQL 数据库启动成功。

3. 使用命令"mysql-u root-p"登录 MySQL 数据库，这时会提示输入数据库的 root 用户的密码，该密码为 MySQL 数据库安装初始化过程中所显示的随机密码，正确输入密码之后便可以登录到 MySQL 数据库，并进入 MySQL 的控制台界面。

4. 在 MySQL 的控制台界面使用命令"SET PASSWORD＝PASSWORD（'＊＊＊＊'）;"重新设置数据库的"root"用户的登录密码，其中"＊＊＊＊"部分为自定义的新密码。

5. 在 MySQL 的控制台可以使用命令"exit"退出 MySQL 控制台返回到操作系统的命令行界面。

九、配置 MySQL 的系统服务

MySQL 数据库的服务可以通过相应的命令手动进行启动，不过这样的话，每次计算机或操作系统因某些原因需要重新启动的时候，都需要管理员手动操作来启动 MySQL 数据库服务。若是因为异常断电等一些特殊原因导致的计算机或操作系统的重新启动，管理员可能无法第一时间知晓或进行管理操作，这就会导致 MySQL 数据库服务的长时间中断。所以大部分时候都希望 MySQL 数据库这类的服务能够跟随操作系统的启动而自动启用，这就需要将 MySQL 数据库服务配置为系统服务。

1. MySQL 数据库软件的系统服务脚本文件名为"mysql. server"，该文件位于 MySQL 软件目录下的"support-files"目录之中。将该服务脚本文件拷贝到操作系统的可控制服务目录"/etc/init. d"之中，并将拷贝的副本文件重新命名为"mysql"，该名称即对应系统服务的名称。

2. 成功将 MySQL 数据库服务添加为系统的可控制服务之后，便可以使用命令"service mysql start"和"service mysql stop"来启动和关闭 MySQL 数据库服务。通过使用命令"ps-ef | grep mysql"查看系统进程信息，可以确认 MySQL 数据库服务是否已经启动或者关闭。

此处并没有将 MySQL 数据库服务注册到系统服务管理器命令 systemctl 下，所以不能使用 systemctl 命令来启动和关闭 MySQL 数据库服务。

3. 使用命令"chkconfig--add mysql"和"chkconfig--level 2345 mysql on"可以将 MySQL 服务设置为在操作系统启动时自动启动。

此处可以使用 systemctl 命令来设置 MySQL 数据库服务是否在操作系统启动时自动启动。虽然同上面的 service 命令一样，没有将 MySQL 数据库服务注册到系统服务管理器命令 systemctl 下，但系统会自动将 systemctl 命令替换为 chkconfig 命令来执行。

4. 使用命令"reboot"重新启动操作系统，然后使用命令"ps－ef｜grep mysql"查看系统进程信息，确认 MySQL 数据库服务能否自动启动。

十、配置 MySQL 的远程访问

CentOS7 操作系统默认的防火墙服务不再是以前的 Iptables，而是替换成了新的防火墙 Firewall。Firewall 防火墙可以看作是 Iptables 防火墙的升级版本。Firewall 防火墙是在 Iptables 防火墙基础上进行的升级和扩展，其底层核心部分依然使用的是 Iptables 防火墙。而 Firewall 防火墙相对于 Iptables 防火墙不仅提供了更为丰富的功能，同时也提供了更方便的操作和管理方式。

Linux 操作系统自带的防火墙在初始状态下的默认策略都是禁止所有外部访问的，所有 MySQL 数据库要提供远程访问的功能，需要先配置系统防火墙的相应端口策略，以开放远程访问 MySQL 数据库服务所需要使用到的网络端口。同时还需要在数据库中配置指定用户的权限信息，使该用户能够接收远程访问的请求信息。

1. 使用命令"firewall-cmd--zone＝public--add-port＝3306/tcp--permanent"添加系统防火墙的端口策略，对外开启 MySQL 数据库所使用的端口"3306"，若执行完成后显示信息"success"，则表示端口策略添加成功。

2. 使用命令"firewall-cmd--reload"重新启动操作系统的防火墙服务，使新添加的端口策略生效，若执行完成后显示信息"success"则表示防火墙重启成功。

3. 使用命令"mysql-u root-p"登录 MySQL 数据库，正确输入数据库的 root 用户的登录密码之后进入 MySQL 数据库的控制台界面。

4. 在 MySQL 控制台使用命令"USE mysql;"切换到"mysql"数据库。

5. 在 MySQL 控制台使用命令"UPDATE user SET host＝'%' WHERE user＝'root';"修改数据库的 root 用户所接收的请求来源的范围。

6. 在 MySQL 控制台使用命令"FLUSH PRIVILEGES;"刷新数据库的权限信息使新配置的权限生效。

7. 在 MySQL 控制台使用命令"exit"退出 MySQL 控制台界面，返回到系统命令行界面。

8. 在其他任意一台安装了 MySQL 客户端程序的主机上使用命令"mysql-h MySQL 数据库服务器的主机名或 IP 地址-u root-p"进行 MySQL 数据库的远程登录。此时会提示输入数据库的 root 用户的登录密码，输入正确的密码之后便能远程连接上 MySQL 数据库。也可以在安装了 Windows 操作系统的主机上使用一些可视化的 MySQL 数据库客户端软件来测试远程连接。

第三节　Hive 数据仓库的搭建和使用

一、Hive 数据仓库

（一）数据仓库

数据仓库（Data Warehouse）这一概念由比尔·恩门（Bill Inmon）提出，并被定义为一个面向主题的（Subject Oriented）、集成的（Integrated）、不可更新的（Non-Volatile）、随时间不断变化的（Time Variant）数据集合，用于支持各种管理决策（Decision Making Support）。

数据仓库为企业所有级别的决策制定过程提供所有类型的数据支持。它将资讯系统经年累月所累积的大量资料，透过数据仓库理论所特有的资料储存架构，进行系统的分析和整理。同时利用联机分析处理（OLAP）、数据挖掘（Data Mining）等分析方法创建决策支持系统（DSS）、主管资讯系统（EIS）等平台，帮助决策者快速有效地从大量资料中分析出有价值的资讯，帮助决策的拟定和快速回应外在环境的变动，建构商业智能（BI）。

数据仓库实际上是一个抽象的概念，它以数据库为基础，其实现的载体就是我们所常见的各种数据库表，但在需求、客户、体系结构、运行机制等方面与数据库又有着很大的不同。数据仓库利用数据库为决策支持系统和联机分析应用提供数据源的结构化数据环境，并进一步研究和解决从数据库中获取有价值信息的方式和方法。

1. 面向主题（Subject Oriented）

与传统数据库的面向应用进行数据组织的特点不同，数据仓库中的数据是面向主题进行组织的。主题是一个抽象的概念，是在较高层次上对企业信息系统中的数据进行综合、归类、分析、利用的抽象。在逻辑意义上，它是对应企业中某个宏观分析领域所涉及的分析对象。面向主题的数据组织方式，就是在较高层次上对分析对象的数据的一个完整、一致的描述，能完整、统一地刻画各个分析对象所涉及的企业的各项数据，以及数据之间的联系。所谓较高层次是相对面向应用的数据组织方式而言的，是指按照主题进行数据组织的方式具有更高的数据抽象级别。

2. 集成（Integrated）

数据仓库的数据是从原有的分散的数据库数据中抽取而来的。操作型数据与DSS分析型数据之间差别很大。首先，数据仓库的每个主题所对应的原数据在原有的各个分散数据库中可能有许多重复和不一致的地方，并且来源于不同的联机系统的数据一般都和不同的应用逻辑捆绑在一起。其次，数据仓库中的综合数据一般也不能从原有的数据库系统直接得到。因此在数据进入数据仓库之前，必然要经过统一与综合，这是数据仓库建设中最关键、最复杂的一步。这一步所要完成的工作包括统一源数据中所有矛盾之处，如字段的同名异义、异名同义、单位不统一、字长不一致等。另外还要进行数据综合和计算。数据仓库中的数据综合工作可以在从原有数据库抽取数据时生成，但许多时候是在数据仓库内部生成的，即进入数据仓库之后再进行综合生成的。

3. 不可更新（Non-Volatile）

数据仓库的数据主要是供企业决策分析之用，所涉及的数据操作主要是数据查询，一般情况下并不进行修改操作。数据仓库的数据通常反映的是一段相当长的时间内历史数据的内容，是不同时间点的数据库快照的集合，以及基于这些快照进行统计、综合、重组的导出数据，而不是联机处理的数据。数据库中进行联机处理的数据经过集成输入数据仓库中，一旦数据仓库存放的数据已经超过数据仓库的数据存储期限，这些数据将从当前的数据仓库中删除。因为数据仓库只进行数据查询操作，所以数据仓库管理系统相比数据库管理系统而言要简单得多。数据库管理系统中许多技术难点，如完整性保护、并发控制等，在数据仓库的管理中几乎完全可以省去。但是由于数据仓库的查询数据量巨大，所以就对数据查询提出了更高的要求，它要求采用各种复杂的索引技术。同时由于数据仓库面向的是商业企业的高层管理者，他们会对数据查询的界面友好性和数据表示方式提出更高的要求。

4. 随时间不断变化（Time Variant）

数据仓库中的数据不可更新是针对应用而言的。也就是说，数据仓库的用户进行分析处理时是不进行数据更新操作的。但并不是说，在从数据集成输入数据仓库开始到最终被删除的整个数据生存周期中，所有的数据仓库数据都是永远不变的。数据仓库的数据会随时间的变化而不断变化，这一特征表现在三方面。

第一，数据仓库随时间变化会不断增加新的数据内容。数据仓库系统必须不断捕捉 OLTP 数据库中变化的数据，并追加到数据仓库中，也就是要不断地生成 OLTP 数据库的快照，经统一集成后增加到数据仓库中。但对于确实不再变化的数据库快照，如果捕捉到新的变化数据，则只生成一个新的数据库快照增加进去，而不会对原有的数据库快照进行修改。

第二，数据仓库随时间变化会不断删去旧的数据内容。数据仓库的数据也有存储期限，一旦超过了这一期限，过期数据就要被删除。只是数据仓库内的数据时限要远远长于操作型环境中的数据时限。在操作型环境中一般只会保存 60~90 天的数据，而在数据仓库中则需要保存较长时限的数据（如 5~10 年），以适应 DSS 进行趋势分析的要求。

第三，数据仓库中包含有大量的综合数据，这些综合数据中很多都跟时间有关，如数据经常按照时间段进行综合，或间隔一定的时间段进行抽样等。这些数据要随着时间的变化不断地进行重新综合。因此，数据仓库的数据特征都包含时间项，以标明数据的历史时期。

数据仓库的发展大致经历了三个阶段。第一个阶段是简单报表阶段。在这个阶段系统的主要目标是解决一些日常的工作中业务人员需要的报表，以及生成一些简单的能够帮助领导进行决策所需的汇总数据，大部分表现形式为数据库和前端报表工具。第二个阶段是数据集市阶段。在这个阶段主要是根据某个业务部门的需要，进行一定的数据采集和整理，并按照业务人员的需要，进行多维报表的展现，能够提供对特定业务指导的数据，并且能够提供特定的领导决策数据。第三个阶段是数据仓库阶段。这个阶段主要是按照一定的数据模型，对整个企业的数据进行采集和整理，并且能够按照各个业务部门的需要，提供跨部门的、完全一致的业务报表数据，能够通过数据仓库生成对业务具有指导性的数据，同时为领导决策提供全面的数据支持，其与数据集市阶段的重要区别就在于对数据模型的支持。

5. ODS 层（临时存储层）

临时存储层是接口数据的临时存储区域，为后一步的数据处理做准备。一般来说，ODS 层的数据和数据源系统的数据是同构的，主要目的是简化后续数据加工处理的工作。从数据粒度上来说，ODS 层的数据粒度是最细的。ODS 层的表通常包括两类，一个用于存储当前需要加载的数据，一个用于存储处理完毕的历史数据。历史数据一般保存 3~6 个月后需要清除，以节省空间。但对于不同的项目需要区别对待，如果数据源系统的数据量不大，可以保留更长的时间，甚至全量保存。

6. PDW 层（数据仓库层）

数据仓库层的数据应该是一致的、准确的、干净的数据，即对数据源系统数据进行了清洗（去除了杂质）后的数据。这一层的数据一般是遵循数据库第三范式的，其数据粒度通常和 ODS 的粒度相同。在 PDW 层会保存 BI 系统中所有的历史数据，例如保存 10 年的数据。

7. DM 层（数据集市层）

数据集市层的数据是面向主题来组织数据的，通常是星形或雪花形结构的数据。从数据粒度来说，这层的数据是轻度汇总级的数据，已经不存在明细数据了。从数据的时间跨度来说，通常只是 PDW 层数据的一部分，其主要的目的是满足用户分析的需求，因为从数据分析的角度来说，用户通常只需要分析近几年的（如近三年的）数据即可。而从数据的广度来说，仍然覆盖了所有业务数据。

8. APP 层（应用层）

应用层的数据完全是为了满足具体的分析需求而构建的，也是星形或雪花形结构的数据。从数据粒度来说是高度汇总的数据。从数据的广度来说，则并不一定会覆盖所有业务数据，而是 DM 层数据的一个真子集，从某种意义上来说是 DM 层数据的一个重复。从极端情况来说，可以为每一张报表在 APP 层构建一个模型来支持，达到以空间换时间的目的。

以上是数据仓库的标准分层，而这只是一个建议性质的标准，实际实施时需要根据实际情况确定数据仓库的分层，不同类型的数据也可能采取不同的分层方法。对数据仓库分层的目的主要是用空间换时间，通过大量的预处理来提升应用系统的用户体验（效率），因此数据仓库会存在大量冗余的数据。如果不进行分层的话，如数据源所在的业务系统的业务规则发生变化，将会影响整个数据清洗的过程，会产生巨大的工作量。另外，通过数据分层管理可以简化数据清洗的过程，因为把原来一步的工作分到了多个步骤去完成，相当于把一个复杂的工作拆成了多个简单的工作，把一个大的黑盒拆分成了多个小的白盒，每一层的处理逻辑都相对简单和容易理解，这样比较容易保证每一个步骤的正确性。当数据发生错误的时候，往往只需要局部调整某个步骤即可。

（二）Hive

Hive 是基于 Hadoop 的一个数据仓库工具，是建立在 Hadoop 之上的数据仓库基础架构。

Hive 最早起源于 Facebook。Hadoop 作为一个开源的 MapReduce 实现，可以轻松地处理 Facebook 网站每天所产生的大量数据。但是 MapReduce 程序对 Java 程序员来说比较容易写，而对其他语言的使用者来说则不太方便。Facebook 最早开始研发 Hive 就是为了能够方便地在 Hadoop 上使用 SQL 进行数据的分析查询，这可以使得那些非 Java 程序员也可以方便地使用 Hadoop 来进行数据分析。而 Hive 最早的目的也就是分析处理海量的日志。

在某种程度上 Hive 可以看成面向用户编程接口，其本身并不提供存储数据和处理数据的功能，而是依赖 HDFS 存储数据，依赖 MapReduce 处理数据。Hive 专门定义了一种类 SQL 查询语言 HiveQL，有类似于 SQL 的功能，但又不完全支持 SQL 标准，如不支持更新、索引、事务等功能，其子查询和连接操作也存在很多限制。Hive 使用 HiveQL 语句表述查询操作，并立刻将其自动转化成一个或多个 MapReduce 作业对海量数据进行处理，最后将结果反馈给用户。这免去了在使用 MapReduce 对存储在 HDFS 上的数据执行查询前编写 mappper 和 reducer 任务的过程，不再需要 Java 软件开发人员参与。当然，HiveQL 语言也允许熟悉 MapReduce 的开发人员开发自定义的 mapper 和 reducer 来处理内建的 mapper 和 reducer 无法完成的复杂查询和分析工作。另外 Hive 还提供了一系列对数据进行提取、转换、加载的工具，可以存储、查询、分析存储在 HDFS 上的数据。

Pig 可作为 Hive 的替代工具，是一种数据流语言和运行环境，适合用于在 Hadoop 平台上查询半结构化的数据集。也可以用于 ETL 过程的一部分，即将外部数据装载到 Hadoop 集群中，转换为用户需要的数据格式。

Hive 只能处理静态数据，主要是 BI 报表数据，其初衷是为减少复杂 MapReduce 应用程序的编写工作。而 HBase 是一个面向列的、分布式可伸缩的数据库，可提供数据的实时访问功能，是对 Hive 功能的一种补充。

（三）Hive 的架构

1. 用户接口模块

用户接口模块包含了 CLI、HWI、JDBC、Thrift Server 等，用来实现对 Hive 的访问。CLI 是 Hive 自带的命令行界面；HWI 是 Hive 的一个简单网页界面；JD-BC、ODBC 以及 Thrift Server 可向用户提供可编程接口，其中 Thrift Server 是基于 Thrift 软件框架开发的，提供 Hive 的 RPC 通信接口。

2. 驱动模块（Driver）

驱动模块包含了编译器、优化器、执行器等，它们负责把 HiveQL 语句转换成一系列 MapReduce 作业。所有命令和查询都会进入驱动模块，通过该模块的解析和变异，对计算过程进行优化，然后再按照指定的步骤执行。

3. 元数据存储模块（Metastore）

元数据模块是一个独立的关系型数据库，通常是与 MySQL 数据库进行连接后创建的一个 MySQL 实例，也可以是 Hive 自带的 Derby 数据库的一个实例。此模块主要是保存表的模式和其他系统元数据，如表的名称、表的列及其属性、表的分区及其属性、表的属性、表中数据所在位置信息等。

二、Hive 数据仓库基础环境配置

1. 创建"hive"目录用于存放 Hive 相关文件，该目录可自行选择创建位置，创建完成后将当前工作目录切换到该目录。

2. 使用命令"tar-xzf Hive 安装包路径"将软件包解压解包到"hive"目录下，解压解包出来的目录名称为"apache-hive-2.1.1-bin"。

3. 在用户的配置文件".bash_profile"中配置 Hive 相关的环境变量，在文件末尾添加以下内容：

\#hive environment

HIVE_ HOME＝Hive 软件目录路径

PATH＝$ HIVE_ HOME/bin：$ PATH

export HIVE_ HOME PATH

Hive 软件目录即 Hive 软件包解压解包出来的"apache-hive-2.1.1-bin"目录，这里需要书写该目录及其所在的绝对路径。

4. 使用命令"source ~/.bash_ profile"使新配置的环境变量立即生效。

5. 使用命令"echo ＄变量名"查看新添加和修改的环境变量的值是否正确。

6. 选择 Hadoop 平台中的任意主机，将其上的操作系统配置文件目录"etc"下的地址映射关系配置文件"hosts"拷贝到当前 Hive 数据仓库平台主机下的对应目录下，覆盖原有的文件。

若是直接在 Hadoop 平台中的某台主机上安装 Hive 数据仓库，可以省略掉该步骤以及之后的步骤⑦。

7. 创建"hadoop"目录用于存放 Hadoop 相关文件，该目录可自行选择创建位置。创建完成之后，选择 Hadoop 平台中的任意主机，将其上的 Hadoop 软件目录"hadoop－2.7.3"拷贝到该目录之中。然后在用户的配置文件".bash_ profile"中配置 Hadoop 相关的环境变量"HADOOP_ HOME"和"PATH"。

8. 使用 Hadoop 客户端命令"hadoop fs-mkdir hive"在 Hadoop 平台中创建 Hive 数据仓库的专用目录，接着再在该目录下分别创建 Hive 的临时文件的存放目录"tmp"、数据文件的存放目录"warehouse"、日志文件的存放目录"log"。然后使用 Hadoop 客户端命令"hadoop fs-chmod-R 777 hive"修改 Hive 数据仓库的专用目录及其所有子目录的权限为开放所有权限。

Hive 数据仓库的搭建虽然使用的是与 Hadoop 平台不同的主机，但依然使用的是名为"hadoop"的操作系统用户，所以使用上面的命令创建的 Hadoop 平台上的 Hive 专用目录在 HDFS 文件系统中的完整路径为"/user/hadoop/hive"，这个完整路径会在后面的配置过程中使用。

9. 将 JDBC 连接 MySQL 数据库的驱动软件包"mysql-connector-java-5.1.42-bin.jar"拷贝到 Hive 数据仓库软件所在目录中的"lib"目录下。

10. 登录到 Hive 数据仓库所使用的 MySQL 数据库，在其中创建一个名为"hive"的数据库用于存放 Hive 数据仓库的元数据，并设定该数据库的用户名和密码为"hive"。当然数据库名、用户名、密码都可以另行自定义，但需要注意的是自定义的数据库名、用户名、密码要与之后的 Hive 相关配置文件中的内容相对应。

若是远程连接 MySQL 数据库服务器，则需要保证本机安装了 MySQL 数据库的客户端工具软件。Linux 操作系统中可以直接使用之前搭建 MySQL 数据库的单机模式平台软件包 mysql-5.7.18-linux-glibc2.5-x86_ 64.tar.gz，将其解压解包之后，配置相应的环境变量，然后使用命令"mysql-h MySQL 数据库服务器的主机名或 IP 地址-u 用户名-p"便可以远程连接并登录到 MySQL 数据库。

三、Hive 数据仓库的使用

（一）创建数据库和表

1. 进入 Hive 的控制台界面，本小节之后的所有步骤以及后面小节的所有步骤，若没有特殊说明，默认都是在 Hive 控制台界面之中进行操作。

2. 在 Hive 数据仓库中创建一个名为"testdb"的数据库，具体命令如下：

CREATE DATABASE testdb

3. 查看当前 Hive 数据仓库中的数据库列表，检查"testdb"数据库是否创建成功，具体命令如下：

SHOW DATABASES

4. 将当前使用的数据库切换到新创建的"testdb"数据库，具体命令如下：

USE testdb

5. 在该数据库中创建部门信息表（departments）。

CREATE TABLE departments

dept_ no CHAR（4），

dept_ name VARCHAR（40）

）

ROW FORMAT DELIMITED FIELDS TERMINATED BY '\ t´

STORED AS TEXTFILE

Hive 中表的创建与传统的关系型数据库中表的创建有一些区别，即不需要指定主键和外键，因为 Hive 本身并不支持传统关系型数据库中的主键和外键。Hive 通过将 HDFS 上的文件进行表结构的映射，所以它需要通过特定的分隔符来区分数据与表中的列的对应关系，"ROW FORMAT DELIMITED FIELDS TERMI-NATED BY"就是用于指定这个特定的分隔符，也就是 Hive 中的序列化和反序列化的规则，这里的"\ t"代表的是使用 Tab 键作为分隔符。"STORED AS"用于指定 Hive 的数据文件在 HDFS 存放时所使用的文件格式，这里的"TEXTFILE"就是最常用的文本文件格式。

6. 查看新建的部门信息表（departments）的表结构信息，具体命令如下：

DESCRIBE departments

7. 查看新建的部门信息表（departments）的完整信息，包括各种配置属性的数据，具体命令如下：

DESCRIBE FORMATTED departments

8. 在该数据库中使用分区表的方式创建员工信息表（employees），以员工所属的部门编号（dept_ no）作为分区列，具体命令如下：

CREATE. TABLE employees （

emp_ no INT,

birth_ date DATE,

first_ name VARCHAR （14），

last_ name VARCHAR （16），

gender CHAR （1），

hire_ date. DATE

）

PARTITIONED BY （dept_ no CHAR （4））

ROW FORMAT DELIMITED FIELDS TERMINATED BY ' \ t'

STORED AS TEXTFILE

在创建分区表时，用作分区的列将不再写入表的列属性列表中。如果使用多个列来创建多级分区，则在"PARTITION BY"后面的括号中依次书写用作分区的列的列属性列表，书写方式与表的列属性列表的书写方式相同。但需要注意的是一定要按照层级的顺序书写，Hive 会严格按照书写的顺序来逐级建立对应的目录。另外 Hive 中并没有 ENUM 类型的数据，所以"gender"属性的数据类型需要替换成字符或者字符串类型。

9. 查看当前数据库中的所有表信息，具体命令如下：

SHOW TABLES

（二）向数据库导入数据

由于 Hive 数据仓库建立在 HDFS 文件系统之上，而 HDFS 文件系统并不支持对数据的修改操作，所以 Hive 也不支持 INSERT、UPDATE、DELETE 等传统数据库的修改操作，这样做不仅可以避免在 HDFS 文件系统上进行数据的修改，也可以不需要复杂的锁机制来进行数据的读写。Hive 最常用的添加数据手段是从文本文件来导入数据，文本文件中的一行对应数据库的表中的一行数据，一行数据中的每个属性列之间使用特定的符号进行分隔，这个分隔符可以在创建表时进行指定。

1. 在操作系统的控制台界面创建一个空文本文件"departments. txt",将部门信息表（departments）的数据输入该文本文件中,列与列之间用分隔符"\ t"（Tab 键）隔开。

2. 在操作系统的控制台界面中使用 Hadoop 的 FS 命令在 HDFS 文件系统中的操作系统用户对应目录下创建一个"hive-data"目录。然后将之前创建的数据文件"departments. txt"上传到 HDFS 文件系统的该目录下。

3. 从 HDFS 文件系统中将数据文件"departments. txt"中的数据导入 Hive 数据仓库的部门信息表（departments）中,具体命令如下:

LOAD DATA INPATH '/user/hadoop/hive - data/departments. txt ' OVER-WRITEINTO TABLE departments

"OVERWRITE"表示删除表中原有的所有数据,然后再进行加载,否则就是在原有数据的基础上进行添加。

在退出 Hive 的控制台界面之后再次进入 Hive 的控制台界面时,需要再次使用命令"USE testdb";选择使用"testdb"数据库之后,才能对该数据库及其中的表进行操作,后面也是一样。

4. 在操作系统的控制台界面中使用 Hadoop 的 FS 命令在 HDFS 文件系统中查看之前导入 Hive 数据仓库中的部门信息表（departments）的数据。之前在 Hive 数据仓库平台时,指定了 Hive 中数据库的数据在 HDFS 文件系统中的保存位置为 HDFS 文件系统中的 Hive 专用目录下的"warehouse"目录。在该目录中,每一个数据库都会有一个与数据库名对应的目录来保存该数据库的数据,其中"mydb. db"目录下是数据库"mydb"的数据,"testdb. db"目录下是数据库"testdb"的数据。然后在数据库的目录下,每个表也会有一个与其表名相同的目录来保存该表的数据。

5. 在操作系统的控制台界面中创建员工信息表（employees）的数据文件。这里需要注意的是,由于该表在 Hive 数据仓库中是一个以部门编号（dept_ no）列作为分区列的分区表,作为分区列的部门编号（dept_ no）虽然仍然存在于表结构中,但已经不存在于表的数据部分的结构中,所以该表的数据文件不需要包含该列的内容。而表的数据中不再有部门编号（dept_ no）之后,要区分属于不同部门的员工就必须通过将不同部门的员工信息存放在不同的分区之中的方式。所以在创建员工信息表（employees）的数据文件的时候,需要对应属于不同部门的员工信息创建不同的数据文件。当前给出的员工信息中员工所属的部门编号（dept_ no）总共有"D001"和"D002"两个，对应这两个部门编号分别创建"employees-D001. txt"和"employees-D002. txt"两个数据文件。然后将员工信息表（employees）中属于部门编号"D001"的员工信息的数据输入"employees-D001. txt"文件中，将属于部门编号"D002"的员工信息的数据输入"employees-D002. txt"文件中，输入的数据中不包含部门编号（dept_ no）信息，每行数据的列与列之间用分隔符"\ t"（Tab键）隔开。

6. 向分区表中员工信息表（employees）中添加新的分区，当前给出的员工信息中员工所属的部门编号（dept_ no）总共有"D001"和"D002"两个，所以需要在员工信息表（employees）中添加"D001"和"D002"两个分区，具体命令如下：

ALTER TABLE employees ADD PARTITION （dept_ no＝'D00I'）

ALTER TABLE employees ADD PARTITION （dept_ no＝'D002'）

7. 查看员工信息表（employees）的分区情况相关信息，具体命令如下：

SHOW PARTITIONS employees

8. 从本地文件系统中将数据文件"employees-D001. txt"和"employees-D002. txt"中的数据导入 Hive 数据仓库的员工信息表（employees）中的指定数据分区之中，具体命令如下：

LOAD DATA LOCAL INPATH '/home/hadoop/hive/employees-D001. txt' INTO TABLE employees PARTITION （dept_ no＝'D001'）

LOAD DATA LOCAL INPATH '/home/hadoop/hive/employees - D002. txt' INTO TABLE employees PARTITION （dept_ no＝'D002'）

9. 在操作系统的控制台界面中使用 Hadoop 的 FS 命令在 HDFS 文件系统中查看之前导入 Hive 数据仓库中的员工信息表（employees）的数据。由于该表是个分区表，所以在 HDFS 文件系统中该表的数据存放目录下会有该表的各个分区的目录。在分区目录中保存着该分区数据的数据文件。

（三）从数据库查询数据

Hive 数据仓库中的数据查询可以直接使用关系型数据库中通用的 SQL 语言，标准 SQL 语言中的绝大部分功能 Hive 都能够提供完美的支持。

1. 查询部门信息表（departments）中的所有数据，具体命令如下：

SELECT * FROM departments

2. 查询员工信息表（employees）中的所有数据，具体命令如下：

SELECT * FROM employees

3. 查询员工信息表（employees）中"D001"分区的所有数据，具体命令如下：

SELECT * FROM employees WHERE dept_ no＝'D001'

查询指定分区的数据实际上就是条件查询，因为被用作分区的列也是存在于表结构中的，是可以作为查询条件的属性列的。分区表一般都用于数据量较大的表，所以对于分区表不建议使用上面的全表扫描的方式进行查询，这样会浪费大量资源。

4. 连表查询，从部门信息表（departments）和员工信息表（departments）中获取员工信息与部门名称的对应数据，具体命令如下：

SELECT a. emp_ no，a. first_ name，a. last_ name，b. dept_ name FROM employees a，departments b WHERE a. dept_ no＝b. dept_ no

对于比较复杂的 SQL 查询操作，Hive 会将其自动转换成 MapReduce 任务来执行。

第六章　数据处理安全与技术发展趋势

第一节　信息安全技术与隐私保护

一、大数据时代的安全挑战

（一）云计算时代安全与隐私问题凸显

随着数据中心不断整合及虚拟化、VDI、云端运算应用程序的兴起，越来越多的运算效能与数据都集中到数据中心和服务器上。不论是个人将信息存储在云盘、邮箱，还是企业将数据存储在云端或使用云计算服务，这些都需要安全保护，安全和隐私问题可以说是云计算和大数据时代面临的最为严峻的挑战。在IDC 的一项关于人们认为云计算模式的挑战和问题是什么的调查中，安全以74.6%的比例位居榜首，全球51%的首席信息官认为安全问题是部署云计算时最大的顾虑。云计算的日益普及已经使越来越多的云计算服务商进入市场。随着在云计算环境中存储数据的公司越来越多，信息安全问题成为大多数 IT 专业人士最头疼的事情。事实上，数据安全已经是考虑采用云基础设施的机构关注的主要问题之一。

大数据由于数据集中、目标大，在网络上更容易被盯上；在线数据越来越多，黑客的犯罪动机也比以往任何时候更强烈；大数据意味着若攻击者成功实施一次攻击，其能得到更多的信息和价值。这些特点都使大数据更易成为被攻击的目标。

大数据可以光明正大地搜集用户数据，并可以对用户数据进行分析，这无疑让用户隐私没有任何保障。大数据技术是一项新兴的技术，全球很多国家都没有对大数据采集、分析环节进行相应的监管。在没有标准和相应监管措施的情况下，大数据泄露个人隐私事件频繁发生，已经暴露出大数据时代用户隐私安全的尖锐问题。

当然，我们强调安全和隐私问题，并不是说要因噎废食。正如当今的银行系统，同样存在安全隐患和随时被网络攻击的风险，但是大多数人还是选择把钱存在银行，因为银行的服务为我们提供了便利，同时在绝大多数情况下银行还是具备安全保障的。我们需要在高效利用云计算和大数据技术的同时，增强安全隐私意识，加强安全防护，明确数据归属及访问权限，完善数据与隐私方面的法规、政策等，扎实做好全方位的安全隐私防护，让新技术更好地为我们的生活服务。

（二）大数据时代的安全需求

在大数据时代下，越来越多的信息存储在云端，越来越多的服务来自云端，基于公有云的网络信息交互环境带来了与传统条件下不同的安全需求。

1. 机密性

为了保护数据的隐私，数据在云端应该以密文形式存放，但是如果操作不能在密文上进行，那么用户的任何操作都要把涉及的数据密文发送回用户解密之后再进行，这将严重降低效率，因此要以尽可能小的计算开销带来可靠的数据机密性。实现数据机密性的要求有以下几种情况：一是为了保护用户行为信息的隐私，云服务器要保证用户匿名使用云资源和安全记录数据起源；二是在某些应用情况下，服务器需要在用户数据上进行运算，而运算结果以密文形式返回给用户，因此服务器需要能在密文上直接进行操作；三是信息检索是云计算中一个很常用的操作，因此支持搜索的加密是云安全的一个重要需求，但是当前已有的支持搜索的加密只支持单关键字搜索，所以支持多关键字搜索、搜索结果排序和模糊搜索是云计算的另一需求方向。

2. 数据完整性

基于云的存储服务（如 Amazon 简单存储服务 S3、Amazon 弹性块存储 EBS 和 Nirvanix 云存储服务）必须保证数据存储的完整性。在云存储条件下，因为可能面临软件失效或硬件损坏导致的数据丢失、云中其他用户的恶意损坏、服务商为经济利益擅自删除一些不常用数据等情况，用户无法完全相信云服务器会对自己的数据进行完整性保护，所以用户需要对其数据的完整性进行验证，这就需要系统提供远程数据完整性验证和数据恢复功能。

3. 访问控制

在云计算中要阻止非法的用户对其他用户的资源和数据的访问，细粒度地控制合法用户的访问权限，因此云服务器需要对用户的访问行为进行有效的验证。其访问控制需求主要包括以下两方面：一是网络访问控制，指云基础设施中主机之间互相访问的控制；二是数据访问控制，指云端存储的用户数据的访问控制。在数据的访问控制中要保证对用户撤销操作、用户动态加入和用户操作可审计等要求的支持。

4. 身份认证

云计算系统应建立统一、集中的认证和授权系统，以满足云计算多租户环境下复杂的用户权限策略管理和海量访问认证要求，提高云计算系统身份管理和认证的安全性。现有的身份认证技术主要包括三类：一是基于用户持有的秘密口令的认证；二是基于用户持有的硬件（如智能卡、U盾等）的认证；三是基于用户生物特征（如指纹）的认证。但是，这些方法都是通过某一维度的特征进行认证的，对重要的隐私信息和商业机密来讲安全性仍不够强。最新提出的层次化的身份认证在多个云之间实现层次化的身份管理，多因子身份认证从多重特征上对客户进行认证，都是身份认证技术的新需求。

5. 可信性

在虚拟空间，用户与云服务商在相互信任的基础上达成服务协议，可信性是云计算健康发展的基本保证，也是基本需求。具体包括服务商和用户的可信性两方面。服务商可信是指其向其他服务商或者用户提供的服务必须是可信的，而不是恶意的；用户可信是指用户采用正常、合法的方式访问服务商提供的服务，用户的行为不会对服务商造成破坏。如何实现云计算的问责功能，通过记录操作信息等手段实现对恶意操作的追踪和问责；如何通过可信计算、安全启动、云端网关等技术手段构建可信的云计算平台，达到云计算的可信性都是可信性方面需要研究的问题。

6. 防火墙配置安全性

在云计算基础设施中，虚拟机之间需要进行通信，这些通信分为虚拟机之间的通信和虚拟机与外部的通信。通信的控制可以通过防火墙来实现，因此防火墙的安全性配置非常重要。如果防火墙配置出现问题，那么攻击者很可能利用一个未被正确配置的端口对虚拟机进行攻击。因此，在云计算中，需要设计对虚拟机防火墙配置安全性进行审查的算法。

7. 虚拟机安全性

虚拟机技术在构建云服务架构等方面被广泛应用，与此同时，虚拟机也面临着两方面的安全性，一方面是虚拟机监督程序的安全性，另一方面是虚拟机镜像的安全性。在以虚拟化为支撑技术的云基础设施中，虚拟机监督程序是每台物理机上的最高权限软件，因此其安全的重要性毋庸置疑。另外，在使用第三方发布的虚拟机镜像的情况下，虚拟机镜像中是否包含恶意软件、盗版软件等，也是需要进行检测的。

二、解决信息安全问题的技术

云计算和大数据的新商业模式和技术架构在带给人类方便、快捷、智能化体验的同时，给信息安全和个人隐私带来了新的威胁。要促进云计算和大数据技术的健康发展，就必须直面安全和隐私问题，而这需要大量的实践研究工作。同时，云计算安全并不仅是技术问题，还涉及标准化、监管模式、法律法规等诸多方面。因此，仅从技术角度出发探索解决云计算安全问题是不够的，还需要信息安全学术界、产业界及政府相关部门的共同努力。

（一）云计算安全防护框架

云安全联盟（Cloud Security Alliance，CSA）是在云计算安全和隐私问题亟待解决的背景下应运而生的世界性的行业组织。CSA 总部位于云计算之都西雅图，微软和亚马逊的总部也在这里。CSA 任命世界顶级安全专家出任其最重要的首席研究官，大力开展实践安全研究，在厂商指导、用户培训、政府协调和高校合作等各方面起着举足轻重的纽带作用。目前，参与云安全联盟并接受指导的会员厂商有上百家，包括微软、亚马逊、谷歌、英特尔、甲骨文、赛门铁克、华为等全球云计算领军企业。

云端厂商在云安全方面的努力不言而喻，比如微软的云计算数据中心、云平台和 Office 365 等多项云服务采取了政府和企业级安全保护措施，获得了多个国家政府和行业组织的安全认证。

用户在云转型中的努力也非常重要，特别是要有敢于承担风险的精神。用户在云部署过程中要识别数字资产，将资产映射到可能的云部署模型中，然后评估云中风险。美国政府 IT 部门大量采用云服务，是用户云转型的典型范例。

各国政府需要出台鼓励云计算的政策、法规、标准等。美国政府已经制定了云计算的一些标准，比如美国国家标准局创立了云计算模型和云参考架构。欧盟在 CSA 的帮助下发布了云计算战略。中国云计算安全政策与法律工作组发表了蓝皮书。

高等院校需要大力培养云安全人才，为云计算的长久发展输送新鲜血液。美国华盛顿大学的赛博安全中心已率先开启了研究生的云安全实践研究项目，其将在美国国防部、国安部和国家科学基金会的支持下，由CSA导师指导进行研究。

基于当前的研究成果，解决云安全问题主要有两类途径：第一，建立完善的安全防护框架，加强云安全技术研究；第二，创立本质安全的新信息技术基础。

解决云计算安全问题的当务之急是针对威胁，建立综合性的云计算安全防护框架，并积极开展其中各个云安全的关键技术研究。遵循共同的安全防护框架是为了消除广大用户（特别是政府和企业）承担的风险，明确各机构的义务，避免漏洞，实现完整有效的安全防护。当前，业界知名的防护框架有美国国家标准局（NIST）防护框架、CSA防护框架等。

1. NIST防护框架涵盖的领域

信任：安全和隐私保护措施需要纳入云计算服务合同中，并建立具有足够灵活性的风险管理制度，以适应不断发展和不断变化的风险状况。

架构：用户要了解云服务提供商的底层技术和管理技术，包括涉及安全的技术控制和对隐私的影响，了解系统完整的生命周期及系统组件。

身份和访问管理：云服务提供商要确保有足够的保障措施，能够安全地实行认证、授权，提供其他身份及访问管理功能。

软件隔离：用户要了解云服务提供商采用的虚拟化和其他软件隔离技术，并评估所涉及的风险。

数据保护：用户要评估云服务提供商的数据管理解决方案的适用性，确定能否消除托管数据的顾虑。

可用性：云服务提供商要确保在中期或长期中断或严重的灾难时，关键运营操作可以立即恢复，最终所有运营操作都能及时和有条理地恢复。

应急响应：用户要向云服务提供商了解和洽谈合同中涉及事件应急响应和处理的程序，以满足自己组织的要求。

2. CSA防护框架涉及的领域

合规：用户要了解各类和安全隐私相关的法律和规章制度，以及自己机构的义务，特别是那些涉及存放位置的数据、隐私和安全控制及电子证据发现的要求。用户要审查和评估云服务提供商的产品，并确保合同条款充分满足法规要求。

设施安全：云数据中心的物理安全。

人事安全：包括云服务商员工的聘用合同及背景调查等。

信息安全：信息技术安全防护控制。

法律：指云服务应遵守的各国法律法规等。

运营管理：云服务商系统及员工的运营管理和监控。

风险管理：包括云计算的风险识别、评估和管理。

发布管理：服务发布和改变的管理。

恢复性：包括对事故和灾难的恢复能力。

安全架构：云计算的安全设计。

在业界提出的这些防护框架的基础上，有人提出了一种包括云计算安全服务体系与云计算安全标准及测评体系两大部分的云安全框架建议。

3. 云计算安全服务体系

云计算安全服务体系由一系列云安全服务构成，是实现云用户安全目标的重要技术手段。根据所属层次的不同，云计算安全服务可以进一步分为云基础设施服务、云安全基础服务及云安全应用服务三类。

（1）云基础设施服务

云基础设施服务为上层云应用提供安全的数据存储、计算等 IT 资源服务，是整个云计算体系安全的基石。安全性包含两个层面的含义：一是抵挡来自外部黑客的安全攻击的能力，二是证明自己无法破坏用户数据与应用的能力。一方面，云平台应分析传统计算平台面临的安全问题，采取严密的安全措施。例如，在物理层考虑厂房安全，在存储层考虑完整性、文件/日志管理、数据加密、备份和灾难恢复等，在网络层考虑拒绝服务攻击、DNS 安全、网络可达性、数据传输机密性等，在系统层考虑应涵盖虚拟机安全、补丁管理、系统用户身份管理等，数据层包括数据库安全、数据的隐私性与访问控制、数据备份与清洁等，在应用层应考虑程序完整性检验与漏洞管理等。另一方面，云平台应向用户证明自己具备某种程度的数据隐私保护能力。例如，在存储服务中证明用户数据以密态形式保存，在计算服务中证明用户代码运行在受保护的内存中。由于用户安全需求存在差异，云平台应具备提供不同安全等级的云基础设施服务的能力。

（2）云安全基础服务

云安全基础服务属于云基础软件服务层，为各类云应用提供共性信息安全服务，是支撑云应用满足用户安全目标的重要手段。其中，比较典型的云安全基础服务包括以下几种：

①云用户身份管理服务。云用户身份管理服务主要涉及身份的供应、注销及身份认证。在云环境下，身份联合和单点登录可以支持云中合作企业之间更加方便地共享用户身份信息和认证服务，并减少重复认证带来的运行开销。云身份联合管理应在保证用户数字身份隐私性的前提下进行，由于数字身份信息可能在多个组织间共享，其生命周期各个阶段的安全性管理更具有挑战性，基于联合身份的认证过程在云计算环境下也具有更高的安全需求。

②云访问控制服务。云访问控制服务的实现依赖妥善地将传统的访问控制模型（如基于角色的访问控制模型、基于属性的访问控制模型及强制/自主访问控制模型等）和各种授权策略语言标准（如 XACML、SAML 等）扩展后移植入云环境。此外，鉴于云中各企业组织提供的资源服务兼容性和可组合性的日益提高，组合授权问题也是云访问控制服务安全框架需要考虑的重要问题。

③云审计服务。由于用户缺乏安全管理与举证能力，要明确安全事故责任，就要求服务商提供必要的支持。因此，由第三方实施的审计就显得尤为重要。云审计服务必须提供满足审计事件列表的所有证据及证据的可信度说明。当然，若要该证据不会披露其他用户的信息，则需要特殊设计的数据取证方法。此外，云审计服务也是保证云服务商满足各种合规性要求的重要方式。

④云密码服务。由于云用户中普遍存在数据加密、解密运算需求，云密码服务的出现也是十分自然的。除最典型的加密、解密算法服务外，密码运算中密钥管理与分发、证书管理及分发等都以基础类云安全服务的形式存在。云密码服务不仅为用户简化了密码模块的设计与实施，也使密码技术的使用更集中、更规范，也更易于管理。

（3）云安全应用服务

云安全应用服务与用户的需求紧密结合，种类繁多，例如 DDoS 攻击防护云服务、Botnet 检测与监控云服务、云网页过滤与杀毒应用、内容安全云服务、安全事件监控与预警云服务、云垃圾邮件过滤及防治等。传统网络安全技术在防御能力、响应速度、系统规模等方面存在限制，难以满足日益复杂的安全需求，而云计算优势可以极大地弥补上述不足。云计算提供的超大规模计算能力与海量存储能力可以在安全事件采集、关联分析、病毒防范等方面实现性能的大幅提升，可用于构建超大规模安全事件信息处理平台，提升全网安全态势把控能力。此外，还可以通过海量终端的分布式处理能力进行安全事件采集，上传到云安全中心进行分析，极大地提高安全事件搜集与及时处理的能力。

4. 云计算安全标准及测评体系

云计算安全标准及测评体系为云计算安全服务体系提供了重要的技术与管理支撑，其核心至少应涵盖以下几方面的内容。

（1）云服务安全目标的定义、度量及其测评方法规范

该规范帮助云用户清晰地表达其安全需求，并量化其所属资产各安全属性指标。清晰的安全目标是解决服务安全质量争议的基础，这些安全指标具有可测量性，可通过指定测评机构或者第三方实验室测试评估。规范还应指定相应的测评方法，通过具体操作步骤检验服务提供商对用户安全目标的满足程度。由于在云计算中存在多级服务委托关系，相关测评方法仍有待探索实现。

（2）云安全服务功能及其符合性测试方法规范

该规范定义了基础性的云安全服务，如云身份管理、云访问控制、云审计及云密码服务等的主要功能与性能指标，便于使用者在选择时对比分析。该规范将起到与当前 CC 标准中的保护轮廓（PP）与安全目标（ST）类似的作用。而判断某个服务商是否满足其所声称的安全功能标准需要通过安全测评，需要与之相配合的符合性测试方法与规范。

（3）云服务安全等级划分及测评规范

该规范通过云服务的安全等级划分与评定，帮助用户全面了解服务的可信程度，更加准确地选择自己所需要的服务。尤其是底层的云基础设施服务及云基础软件服务，其安全等级评定的意义尤为突出。验证服务是否达到某安全等级，需要相应的测评方法和标准化程序。

（二）创立本质安全的新型 IT 体系

当前，计算机和互联网的安全措施都是被动的和暂时的，普通用户被迫承担安全责任，频繁地扫描漏洞和下载补丁。进入云计算时代，不少厂商适时推出云安全和云杀毒产品，可以想象，云病毒和云黑客的水平必然有所提高。

实际上，今天信息和网络安全问题的根源在于当初发明计算机和网络时，根本没想到用户中有恶意攻击者，或者说没有预见到安全隐患。PC 时代的防火墙、杀毒软件及各种法律法规只能通过事后补救来处罚给他人利益造成损害的人。这些措施不能满足社会信息中枢的可控开放模式和安全需求。其实，抓住云计算的机遇，重新规划计算机和互联网基础理论，建立完善的安全体系并不困难。

下面在分析 IP 互联网安全问题原因的基础上，提出大一统网络根治网络安全的一揽子解决方案。网络安全不是一项可有可无的服务，大一统网络安全的目标不是用复杂的设备和多变的软件改善网络安全性，而是直接建立本质上令人高枕无忧的网络。

1. 从网络地址结构上根治仿冒。IP 互联网的地址由用户设备告诉网络，大一统网络地址由网络告诉用户设备。为了防范他人入侵，PC 和互联网设置了烦琐的密码障碍。就算是实名地址，仍无法避免密码被破译或由于用户的失误而造成的安全信息泄露。连接到 IP 互联网上的 PC 终端，首先必须自报家门，告诉网络自己的 IP 地址，但网络无法保证这个 IP 地址的真假。这就是 IP 互联网第一个无法克服的安全漏洞。

大一统网络终端的地址是通过网管协议生成的，用户终端只能用这个生成的地址进入网络，因此无须认证，确保不会错。大一统网络地址不仅具备唯一性，而且具备可定位和可定性功能，如同个人身份证号码一样，隐含了该用户端口的地理位置、设备性质和服务权限等特征。交换机根据这些特征规定了分组包的行为规则，实现不同性质的数据分流。每次服务发放独立通行证，阻断黑客攻击的途径。用户自备防火墙，大一统网络每次服务必须申请通行证。

2. IP 通信协议在用户终端执行，就有可能被篡改。路由信息在网上传播，就有可能被窃听。网络中的固有缺陷导致了地址欺骗、匿名攻击、邮件炸弹、泪滴、隐蔽监听、端口扫描、内部入侵及涂改信息等各种各样的黑客行为，垃圾邮件等互联网污染难以防范。IP 互联网用户可以设定任意 IP 地址冒充别人，可以向网上任何设备发出探针窥探别人的信息，也可以向网络发送任意干扰数据包。许多聪明人发明了各种防火墙试图保证安全，但是安装防火墙是自愿的，防火墙的效果是暂时的和相对的，IP 互联网本身难免被污染。这是 IP 互联网第二项安全败笔。

大一统网络用户入网后，网络交换机仅允许用户向节点服务器发送有限的服务请求，其他数据包一律拒绝。如果服务器批准用户申请，即向用户所在的交换机发出网络通行证，用户终端发出的每个数据包若不符合网络交换机端的审核条件就被丢弃，这样就杜绝了黑客攻击。每次服务结束后，自动撤销通行证。因此，大一统网络不需要防火墙、杀毒、加密和内外网隔离等被动手段，从结构上彻底阻断了黑客攻击的途径，是本质上的安全网络。

网络设备与用户数据完全隔离，切断病毒扩散的生命线。IP 互联网设备可以随意拆解用户数据包，大一统网络设备与用户数据完全隔离。

3. 计算机之父冯·诺依曼（Von Neumann）创造的计算机将程序指令和操作数据放在同一个地方，也就是说，一段程序可以修改机器中的其他程序和数据。沿用至今的这一计算机模式给特洛伊木马、蠕虫、病毒和后门留下了可乘之机。随着病毒的高速积累，防毒软件和补丁永远慢一拍，处于被动状态。互联网TCP/IP的技术核心是尽力而为、储存转发和检错重发。为了实现互联网的使命，网络服务器和路由器必须具备解析用户数据包的能力，这同样为黑客留下了后门。网络安全从此成了比谁聪明的游戏，制作病毒与杀毒、攻击与防护，永无休止。这是 IP 互联网的第三项遗传性缺陷。

大一统网络交换机设备中的 CPU 不接触任何用户数据包，也就是说，整个网络只是在业务提供方和接收方的终端设备之间建立一条完全隔离和具备流量行为规范的透明管道。用户终端不管收发什么数据，一概与网络无关，从结构上切断了病毒和木马的生命线。因此，大一统网络杜绝了网上的无关人员窃取用户数据的可能性。同理，那些黑客也就没有了可以攻击的对象。

4. 用户之间的自由连接完全隔离，确保有效管理。IP 互联网是自由市场，无中间人，而大一统网络则类似于百货公司，有中间人。对网络来说，消费者与内容提供商都属于网络用户范畴，只是大小不同而已。IP 互联网是个无管理的自由市场，任意用户之间可以直接通信。也就是说，要不要管理是用户说了算，要不要收费是单方大用户（供应商）说了算，要不要遵守法规也是单方大用户说了算。运营商至多收取入场费，要执行法律、道德、安全和商业规矩，现在和将来都不可能。这是 IP 互联网的第四项架构上的顽疾。

大一统网络创造了服务节点的概念，形成了有管理的百货公司商业模式。用户之间或者消费者和供货商之间严格禁止自由接触，一切联系都必须取得节点服务器的批准，这是实现网络业务有效管理的必要条件。有了不可逾越的规范，才能在真正意义上实现个人与个人之间、企业与个人之间、企业与企业之间，或者统称为有管理的用户之间的对等通信。商业规则植入通信协议，确保盈利模式。IP 互联网奉行"先通信，后管理"的模式，大一统网络奉行"先管理，后通信"的模式。

5. 网上散布非法媒体内容，只有在造成恶劣影响后才能在局部范围内被查封，不能防患于未然。法律与道德不能防范有组织、有计划的职业攻击，而且法律只能对已造成危害的攻击者实施处罚。IP 互联网将管理定义为一种建立在应用层上的额外附加的服务。因此，管理自然成为一种可有可无的摆设。这是 IP 互联网第五项难移的本性。

大一统网络用户终端只能在节点服务器许可范围内的指定业务中选择申请其中之一，服务建立过程中的协议信令由节点服务器执行。用户终端只是被动地回答服务器的提问，接受或拒绝服务，不能参加到协议建立过程中。一旦用户接受服务器提供的服务，只能按照通行证规定的方式发送数据包，任何偏离通行证规定的数据包一律在底层交换机中被丢弃。大一统网络协议的基本思路是实现以服务内容为核心的商业模式，而不只是完成简单的数据交流。在这一模式下，安全成为固有的属性，而不是附加在网络上的额外服务项目。当然，业务权限审核、资源确认和计费手续等，均可轻易包含在管理合同中。

三、大数据隐私的保护分析

随着数据挖掘技术的发展，大数据的价值越来越明显，隐私泄露问题的出现也使大家越发重视个人隐私保护。在我国相关信息安全和隐私保护法律法规不够完善的情况下，个人信息的泄露、滥用等问题层出不穷，给人们的生活带来了很多麻烦。

（一）防不胜防的隐私泄露

个人隐私的泄露在最初阶段主要是由于黑客主动攻击造成的。人们在各种服务网站注册的账号、密码、电话、邮箱、住址、身份证号码等各种信息集中存储在各个公司的数据库中，并且同一个人在不同网站上留下的信息具有一定的重叠性，这就导致一些防护能力较弱的小网站很容易被黑客攻击而造成数据流失，进而导致很多用户在一些安全防护能力较强的网站上的信息也就失去了安全保障。随着移动互联网的发展，越来越多的人把信息存储在云端，越来越多的带有信息收集功能的手机 App 被安装和使用，而当前的信息技术通过移动互联网的途径对隐私数据跟踪、收集和发布的能力已经达到了十分完善的地步，个人信息通过社交平台、移动应用、电子商务网络等途径被收集和利用，大数据分析和数据挖掘已经让越来越多的人没有了隐私。对一个不注意个人隐私保护的人来说，网络不仅知道你的年龄、性别、职业、电话号码、爱好，甚至知道你居住的具体位置、你现在在哪里、你将要去哪里等，这绝不是危言耸听。

当前人们在社交网站上发布说说、微博时使用定位功能显示自身的准确位置，各种好友在评论中无意直呼真名或者职务，在各种网站和论坛上注册的邮箱、电话号码、QQ 等信息，电商平台的实名认证和银行卡关联，网上投递个人简历等都会把个人隐私信息全部或部分展示出来。同时，随着移动互联网的发展，越来越多的人开始使用云存储和各种手机 App（为了与商家合作推送广告，很多 App 都具有获取用户位置、通信录的功能），个人信息也就相应地在互联网和云存储中不断增多。谷歌眼镜作为互联网时代最新的科技成果之一，带给人们随时随地拍摄、随时随地上传的新鲜体验，但是这也意味着越来越多的人可能在不知情的情况下将自己的信息录像并上传到互联网，因此谷歌眼镜直接被冠以"隐私杀手"的称号。这些新技术就像一把"双刃剑"，在方便人们生活的同时带来了个人隐私泄露的更大风险。

（二）隐私保护技术

对于隐私保护技术效果可用"披露风险"度量。披露风险表示攻击者根据所发布的数据和其他相关的背景知识，能够披露隐私的概率。那么，隐私保护的目的就是尽可能降低披露风险。隐私保护技术大致可以分为以下几类。

1. 基于数据失真（Distortion）的技术

数据失真技术简单来说就是对原始数据"掺沙子"，让敏感的数据不容易被识别出来，但"沙子"也不能掺得太多，否则就会改变数据的性质。攻击者通过发布的失真数据不能还原出真实的原始数据，但同时失真后的数据仍然保持某些性质不变。比如，向原始数据中加入随机噪声，可以实现对真实数据的隐藏。当前，基于数据失真的隐私保护技术包括随机化、阻塞（Blocking）、交换、凝聚（Condensation）等。例如，随机化中的随机扰动技术可以在不暴露原始数据的情况下进行多种数据挖掘操作。由于通过扰动数据重构后的数据分布几乎等同于原始数据的分布，因此利用重构数据的分布进行决策树分类器训练后，得到的决策树能很好地对数据进行分类。而在关联规则挖掘中，可以在原始数据中加入很多虚假购物信息，以保护用户的购物隐私，但同时不影响最终的关联分析结果。

2. 基于数据加密的技术

在分布式环境下实现隐私保护要解决的首要问题是通信的安全性，而加密技术正好满足了这一需求，因此基于数据加密的隐私保护技术多用于分布式应用中，如分布式数据挖掘、分布式安全查询、几何计算、科学计算等。在分布式环境下，具体应用通常会依赖数据的存储模式和站点（Site）的可信度及其行为。

对数据加密可以起到有效保护数据的作用，就像把东西锁在箱子里，别人拿不到，自己要用也很不方便。如果在加密的同时还想从加密之后的数据中获取有效信息，应该怎么办？最近在"隐私同态"或"同态加密"领域取得的突破可以解决这一问题。同态加密是一种加密形式，它允许人们对密文进行特定的代数运算，得到的仍然是加密的结果，与对明文进行运算后加密一样。这项技术使人们可以在加密的数据中进行诸如检索、比较等操作，得出正确的结果，而在整个处理过程中无须对数据进行解密。比如，医疗机构可以把病人的医疗记录数据加密后发给计算服务提供商，服务商不用对数据解密就可以对数据进行处理，处理完的结果仍以加密形式发送给客户，客户在自己的系统上才能进行解密，看到真实的结果。目前这种技术还处在初始阶段，所支持的计算方式非常有限，处理的时间较长，开销也比较大。

3. 基于限制发布的技术

限制发布也就是有选择地发布原始数据、不发布或发布精度较低的敏感数据，实现隐私保护。这类技术的研究主要集中在"数据匿名化"，就是在隐私披露风险和数据精度间进行折中，有选择地发布敏感数据或可能披露敏感数据的信息，但保证对敏感数据及隐私的披露风险在可容忍的范围内。数据匿名化研究主要集中在两方面：一是研究设计更好的匿名化原则，使遵循此原则发布的数据既能很好地保护隐私，又具有较大的利用价值；二是利用特定匿名化原则设计更"高效"的匿名化算法。数据匿名化一般采用两种基本操作：一是抑制，抑制某数据项，即不发布该数据项，比如隐私数据中可以显性标识一个人的姓名、身份证号等数据信息；二是泛化，泛化是对数据进行更概括、抽象的描述。

安全和隐私是云计算和大数据等新一代信息技术发挥其核心优势的拦路虎，是大数据时代面临的一个严峻挑战。这也是一个机遇，在安全与隐私的挑战下，信息安全和网络安全技术得到了快速发展，未来安全即服务（Security as a Service）将借助云的强大能力，成为保护数据和隐私的一大利器，更多个人和企业将从中受益。历史的经验和辩证唯物主义的原理告诉我们，事物总是按照其内在规律向前发展的，对立的矛盾往往会在更高的层次上达成统一，矛盾的化解也就意味着发展的更进一步。相信随着相关法律体系的完善和技术的发展，未来大数据和云计算中的安全隐私问题将会得到妥善解决。

第二节　大数据技术实时化与内存计算发展

一、大数据技术实时化发展趋势

随着大数据的爆发和迅速增长，对海量数据的即时处理要求也越来越迫切。实时计算的应用场景也越来越多。实时计算要求对用户的响应接近零延时，给人们提供的内容都是最新的。未来，互联网与物联网、虚拟现实和流媒体技术的结合都需要实时计算。

在实时计算时代，企业应该大力提高自己的实时搜索、实时预测、实时服务等实时计算能力。电子商务网站应能实时处理并挖掘用户行为产生的数据，能对用户行为进行预测，并实时为用户推荐可能感兴趣的商品和广告；新闻类网站需要保证新闻的时效性，将最新的新闻推送给用户；社交网站可以将一个实时热点进行聚合，将用户聚集为一个圈子。在实时预测方面还包括实时预测股价变化、商品价格变化、人流变化、路况变化、交通情况和更短时间内的天气预测等，这些预测可以帮助人们提早做出决策。在实时服务方面，商家应能与用户实时沟通，使用户获得更好的体验。这些业务对时效性的高要求也对实时计算技术提出了新的挑战。

目前已经有较多实时计算框架，例如 Spark，它是一个实时计算系统，可支持流式计算、批处理和实时查询。除了 Spark，还有 Yahoo 的 S4、Twitter 的 Storm、IBM 的 StreamBase 等。

Spark 于 2009 年诞生，与 Hadoop 相比，Spark 在性能和方案的统一性方面都具有较大的优势。它提供基于 RDD 的一体化解决方案，将 MapReduce、流计算、SQL、机器学习、图计算等模型进行统一，以一致的 API 公开，并提供相同的部署方案，使 Spark 工程的应用领域相当广泛。同时，Spark 还提供了对 Java、Scala、Python 和 R 语言的支持。在 Spark 的当前版本中，在机器学习方面已经支持了超过 15 种算法，包括决策树、PCA、SVD、LBFGS 等。

在大数据领域，Spark 的发展速度较快。以 Spark 的发展路线，在未来将会发布的版本中，Spark 的新方向是数据科学与平台化。Spark 1.3 引入了 DataFrame，在 Spark 1.4 版本中 Spark 和 R 相结合，推出 Spark R。另外，Spark 也会基于 DataSource 接口无缝接入各个不同的数据源，这不仅给不同数据源的使用者提供了更便利的 Spark 使用方式，更给那些需要从不同数据源收集数据，并结合起来进行分析挖掘的用户提供了一个极其简单的实现。目前，Spark 已经得到了业界的广泛认可，已经被包含在 IBM、Cloudera、Hortonworks 等企业的 Hadoop 版本中。Spark 也已经被许多互联网企业应用在商业项目中，国内的百度、阿里、腾讯、网易、搜狐等都已经投身 Spark 的阵营。Spark 还被应用在音乐推荐、文本分析、客户智能实时推荐、实时审计的数据分析等多个方面。

除了 Storm 和 Spark Streaming 以外，还有其他一些实时处理框架，具体如下。

Impala：Google Dremel 的开源实现（与 Apache Drill 类似）。因为交互式实时计算需求，Cloudera 推出了 Impala 系统，该系统适用于交互式实时处理场景，要求最后产生的数据量一定要少。

StreamBase：由 IBM 开发的一个商业流式计算系统，应用于金融行业和政府部门。使用 Java 开发，它提供了较多的算术功能和其他组件以帮助构建应用程序，并且提供了用于描述计算过程的类 SQL 语言。

Stinger Initiative（Tez optimized Hive）：由 Hortonworks 开源，可以理解为 Google Pregel 的开源实现。它可以像 MapReduce 一样，用来设计 DAG 应用程序，但 Stinger Initiative 只能运行在 Yarn 上。Stinger Initiative 的一个重要应用是优化 Hive 和 Pig 这种典型的 DAG 应用场景，它通过减少数据读写 IO，优化 DAG 流程，使 Hive 速度提高了很多倍。

Presto：它是一个分布式的 SQL 查询引擎，于 2013 年 11 月由 Facebook 开源。它专门用来进行高速、实时的数据分析。支持标准的 ANSI SQL，包括复杂查询、聚合（aggregation）、连接（join）和窗口函数（window functions）。Presto 设计了一个简单的数据存储的抽象层，以满足在不同数据存储系统（包括 HBase、HDFS、Scribe 等）上都可以使用 SQL 进行查询。

大数据技术的发展，让实时分布式计算系统开始占有举足轻重的地位。用户对于数据处理系统实时性的需求必将推动实时计算技术的快速发展。未来在实时计算系统方面必然会出现更多产品和应用。

二、大数据技术内存计算发展趋势

由于目前廉价计算机的运行环境和批处理高度优化的系统结构的限制，现有的数据管理技术和解决方案不能很好地适应新型实时化、交互式的复杂业务需求，而更适用于对 Web 数据的处理。大数据具有增长速度快、数据规模大、数据类型多样等特征，对当前的计算模式提出了新的挑战。现有的计算模式在面对大数据处理时存在内存容量有限、I/O 效率低下、并发控制困难、数据处理总体性能较低等许多问题。因此，基于内存的数据管理技术应运而生。

内存计算是以大数据为中心，通过对体系结构及编程模型等进行重大革新，最终显著提升数据处理能力的新型计算模式。

（一）机遇与挑战

高效的数据管理技术一直伴随着 IT 技术的发展。在大数据环境下，用数据说话已经成为数字化社会的突出特色，也对数据的存储计算能力提出了新的要求。数据管理技术面临着新的、大量的机遇和挑战。

在大数据时代，企业竞争日趋激烈，如果企业不能对用户的需求实时做出反应，将会损失大量用户。因此，应用对时效性的需求为内存计算提供了发展的内在驱动力。在大数据环境下，对商业价值的挖掘方式在逐渐发生变化。企业的需求更多地表现在实时动态计算、交互式分析、即时查询等新的实时业务方面。以风险管理为例，如果企业不能实时地识别出交易中的欺诈行为，或者无法在交易过程中进行实时预警，而只提供一些事后的补救措施，将会给企业和用户带来不可估计的损失。不仅是传统应用，一些新兴的业务和行业也急剧增多了对时效性分析的需求量，如电商高频交易分析、社交网络的群体性事件预警、智能电网用电信息采集、基于位置的智能推荐与计算广告等。内存计算能将企业处理信息的质量和速度都提高到前所未有的水平，可以帮助企业实现实时业务信息的快速提取，不仅能给企业带来独特的商机，而且是企业在未来激烈的市场竞争中取胜的关键所在。

近年来，计算机硬件迅猛发展，数据处理环境和数据特征已经发生变化，这也为内存计算提供了良好的发展机会，主要表现在以下几个方面：

第一，要处理的数据无法长期存储在内存的场景将发生变化。随着 SCM 技术的发展，内存容量越来越大，价格也越来越便宜，适用于内存计算的拥有 TB 级内存容量的服务器正在逐渐普及。

第二，数据处理系统最主要的性能瓶颈由磁盘 I/O 逐渐向网络和内存间 I/O 转移。

第三，磁盘数据访问的局部性将不再是性能优化的主要目标，而被内存数据访问的局部性代替。与磁盘数据访问局部性相比，内存在层次结构、缓存容量、对齐模式、缓存介绍等多方面都存在较大差异。

另外，数据处理模式从 SQL 到 NoSQL 再到 NewSQL 的变迁，也为内存计算提供了发展方向。SQL 虽然在关系数据处理模式上较为成功，但在可处理数据类型多样性、实时性和性价比等方面存在较大瓶颈。而 NoSQL 虽然提供了良好的可扩展性，却在一致性上存在不足。在保证可扩展性、高性能的前提下，支持数据库事务的 ACID 特性成为数据库技术新的发展方向。基于内存计算的 NewSQL 就成了新的可选的数据处理模式。

（二）研究进展

近年来，在大数据浪潮的推动下，分布式内存计算已经取得了较大的进展，并且受到越来越多的关注。下面从并行编程模型、混合存储体系结构和内存数据管理三方面介绍目前已经取得的研究成果。

1. 并行编程模型

分布式并行编程模型包括存储模型、执行模型、调度模型。它可以在大规模廉价集群中以并行、可扩展、容错、易用、透明的方式支持各种应用的有效执行。

目前，面向批处理的编程模型有 Google 的 MapReduce 和微软的 Dryad 等。该类编程模型在可扩展性、易用性和性价比方面都有比较大的优势。它们虽然可以较好地处理批量的数据，但在实时处理流式数据时性能不佳。以 MapReduce 为例，导致它处理数据时高延时的原因有很多，例如依赖磁盘的容错机制、Map 和 Reduce 阶段之间阻塞流水线的障碍、基于 pull model 的数据传输方式等。

为了满足大数据处理实时性较高的要求，较多学者对 MapReduce 系统进行了实时性优化。例如，HOP 在 Map 和 Reduce 之间建立了流水线式的传输渠道，从而消除了导致阻塞的任务障碍，但依然采用基于磁盘的中间数据缓存策略，因而具有较高的 I/O 开销。虽然有较多学者在 MapReduce 优化上做了较多工作，但都存在各种各样的问题，与满足 BI 应用的实时性需求还存在较大差距。

基于实时应用的需求，MapReduce 批处理的模式将会被打破，新型的面向内存的编程模型及系统都在不断涌现。最具代表性的是基于内存的分布式并行处理框架 Spark。Spark 利用内存计算有效地保证了处理的实时性要求，同时提供了交互式的迭代分析能力。流式应用也是对实时性要求较高的一类应用系统，该领域具有代表性的框架有 Twitter 的 Storm、雅虎的 S4、Facebook 的 Puma、谷歌的 MillWheel 等。Spark 也有自己的流处理框架 Spark Streaming。这些框架都可以与企业自身的具体需求相结合，可以解决一些实际应用问题。

2. 混合存储体系结构

大规模并行计算系统的计算能力与存储子系统访问性能间存在较大差距，存储子系统是大数据计算系统性能的主要瓶颈。而 SCM 正在逐渐缩小持久性存储和易失性内存之间的差距。与磁盘的机械特性相比，SCM 的电气特性具有自己的独特性，因此以往适用的技术或方法已经不再适用。目前已经有较多研究学者在 SCM 的索引技术、查询优化、容错机制、缓存与替换策略、上层算法等多方面进行了研究，对其特性进行优化，但仍然有较大的研究空间，这必然会成为将来的一个研究方向和发展趋势。而面向混合存储体系的优化也具有更大的实用性和适用性。

3. 内存数据管理

传统的关系型数据库主要面向的是磁盘的存储环境，难以应用在内存环境中。同时，面向磁盘设计和优化的数据管理系统在全内存的工作环境中也难以获得预期的性能提升。因此，基于高性能分布式集群的内存数据库管理系统便应运而生。

近年来，工业界已经出现了一些基于内存的分布式数据库的相关产品，如最著名的全内存式数据存取系统 Memcached，已经被 Facebook、Twitter、YouTube 等多家知名企业应用。与 Memcached 类似的还有性能卓越的内存存储系统 Redis，它提供更加灵活的缓存失效策略和持久化机制。另外，SAP 的 HANA、微软的 Hekaton 等内存数据库产品也在不断涌现。

除了工业界，在学术界也有一些内存数据管理系统出现。例如，MIT 的 H-Store，其根据 CPU Core 进行数据分区，通过数据库多副本获得数据的持久性。

基于内存的数据处理技术也会给索引、查询等数据库操作带来影响。基于磁盘的 I/O 索引、查询和优化都很难直接应用于新型存储环境中。因此，这也是一个全新的研究方向，目前已有研究学者在这方面开展研究。

（三）发展展望

大数据时代的来临，让内存计算在不同行业中的应用不再只是一个愿望，而正在慢慢变成现实。大数据技术也给企业数据的应用和处理带来空前的机遇和挑战。对大多数企业而言，对数据的处理速度才是真正影响企业高效使用数据的关键性因素。内存计算的产生，给企业的发展带来了机会。内存数据管理技术的发展主要表现在以下几方面。

1. 与企业的应用现状相结合

目前内存计算的发展尚不成熟，企业仍会对内存计算技术的可靠性、可扩展性、安全性和部署成本等问题存在较多顾虑。事实证明，内存计算已经被成功应用在企业的业务系统中，并且被证明有效。内存计算技术正以迅猛的劲头逐渐占领市场。

目前应用内存计算技术的行业越来越多，已经涵盖零售、电信、金融、医疗、制造、交通、公共事业等各行各业。内存计算可以帮助企业实现在客户服务分析、营销分析、供应链和运营分析、财务分析、盈利分析、网站点击流量分析等众多功能上的实时响应能力。内存计算技术将在更多行业的更多方面实现更大规模的应用。

2. 充分利用已有技术资源

充分利用已有 SQL 和 NoSQL 技术，将两者的优势结合起来，在保证数据管理系统高可扩展性的同时，提供传统的事务的 ACID 保证，从而扩大已有技术的使用范围。NewSQL 作为完全重新架构在内存计算环境下的数据管理技术，也成为新的重要发展方向。

3. 加强科研管理，推动多方参与

内存计算技术作为大数据技术链上的最新技术，近年来才逐渐为人们所关注，在发展过程中不仅需要政府部门在政策上给予支持，还需要科技部门进行积极的引导和推动。内存计算技术可以使数据分析更及时，预测结果更准确，能为企业提供更大的利益空间。

第三节 大数据技术泛在化发展趋势

泛在计算也被称为普适计算或环境智能。泛在计算强调和环境融为一体，计算机本身从人们视线中消失。在泛在计算环境中，人们能够在任何时间、任何地点，以任何方式进行信息的获取与处理，这个过程是在计算设备的帮助下高度自动化完成的。比如，身上的眼镜、手表、手机、鞋子等都可以进行计算。它的核心思想是将小型、便宜、网络化的设备广泛分布在日常生活中的各个场所，计算设备不再只是依靠命令行、图形界面等，而是以更"自然"的方式进行交互。

泛在计算的目的是建立一个充满计算和通信能力的环境，并使这个环境和人们逐渐融合在一起，使人们可以随时随地透明地获得数字化服务。

泛在计算最重要的应用方向是各类信息终端产品。随着信息需求服务的多样化，信息终端产品的形式越来越多，功能也越来越完善，在一个小设备中往往能集成多种功能。智能空间也是泛在计算的重要应用，例如智能会议室、智能教室、作战指挥室等。泛在计算还可以应用于商业识别 RFID 芯片。RFID 芯片可以代替商品上的条形码，除了提供商品的名称、价格之外，还可以集成其他更有用的信息，例如衣服的原料、产地、规格，药品的成分、适应证、禁忌证等。

目前，各类新型技术的发展已经为泛在计算的发展提供了较新的平台。云计算技术的发展几近无限地扩展了终端的存储和计算能力。物联网技术的发展也重新定义了物与物之间的关系，加快了物体之间的通信和信息共享。智能终端和移动互联网的爆炸式增长让用户和终端紧密结合，基于用户需求的服务迅猛发展。智能手机、智能电视、智能汽车等都在逐渐普及，即感知和计算能力也泛在地嵌入物理环境中。

一、发展现状

现阶段，智能手机、可穿戴设备、智能汽车都已经取得了较大进展。智能手机的存储和计算能力早已超过早期的 PC，智能手机的功能也被云计算无限扩展。随着传感技术的进步，微型可穿戴设备也在不断涌现，它们与智能手机连接，提供更好的人机交互界面、数据存储和云服务访问能力。例如，MYO 臂带可以通过检测手势变化时的肌肉放电识别用户手势。同时，由于可穿戴设备可以隐藏于衣服、鞋子等日常生活用品中，因此可实现时时刻刻感知人的活动，例如耐克的篮球鞋通过内置芯片可以感知用户运动时跳起的高度和跑步的速度等。而智能汽车则更关注汽车本身的智能化，帮助司机完成更加完全和可靠的驾驶。该领域的两个研究热点是车联网和自动驾驶。

在人机交互方面，泛在计算充分融合了传感器技术、智能计算技术和嵌入式技术等最新技术，将交互设备隐藏起来，朝着以人为本、方便用户的方向发展。交互设备的隐藏表现在多尺度显示屏幕和可穿戴设备的普及两方面。多尺度显示屏幕分别以智能手机、智能电视和大型投影屏为代表，为多种交互手段提供了可能；而将芯片植入手表、鞋子、眼镜等可穿戴设备，可以提供无缝感知和交互体验。交互的广度和深度也在不断发展。感知技术的进步使多种交互手段的融合成为可能，交互的方式不断创新，而复杂信号感知技术使人体交互不断深入。

在国内，智能终端已经广泛普及，通信网络也大量铺设，在网络运营、服务提供、终端开发等各方面都出现了一批"领头羊"，积累了较多关键技术和产品，正在逐步形成非常有利于泛在计算发展和应用的生态环境。与国外相比，我国的泛在计算研究在基础设施、用户服务、交互理论等方面都表现不俗，部分成果也受到国内外研究者的好评和引用。

另外，在游戏行业，一直存在着这样一种观点，即随着游戏技术的发展和玩家需求扩大，未来游戏终将走向沉浸式体验。玩家通过一些外部设备实现虚拟现实和增强现实的体验，仿佛置身在真实游戏的世界中，并且获得相应的身体感知。目前已经有较多的科技企业推出与虚拟现实技术相关的研发成果，如微软的 SurroundWeb、索尼的 Project Morpheus、谷歌的 Cardboard 和三星的 Gear VR。

在国内也已经有公司提供虚拟现实的解决方案。例如，Nibiru 游戏平台与香港维爱科技有限公司共同发布了虚拟现实解决方案。该方案以智能手机为播放平台，以 VRTRID 3D 头盔式眼镜为虚拟现实载体，融合了 Nibiru 平台的多款高清 3D 游戏解决方案，给玩家带来真正的沉浸式游戏体验。Nibiru-VRTRID 3D 虚拟现实眼镜，还可以将手机播放的 3D 视频转化为梦幻般的虚拟现实效果。

总之，目前在国内外，泛在计算已经取得了较多的研究成果，人们也因此受益良多。正在迅速发展的大数据技术为泛在计算的发展提供了良好的机会，与现有基础设施、软硬件环境、计算能力、新材料等相结合，打造以人为本的泛在计算产品和服务是目前发展的重要趋势。

二、发展趋势

泛在计算、云计算及大数据的发展，在未来将会为人们的生活带来较大改变。围绕人的计算也将是泛在计算在未来一个最明显的特征。

例如，从智能家庭到智慧城市，未来人们的居住环境将由一个个智能家庭单位连接成网络，实现资源的共享和优化配置。通过各种传感器设备的大量应用，智能家庭单位中的功能单元将能理解用户的行为习惯和生活规律，并通过与用户社交网络的融合，主动与其进行人性化互动。用户也可以直接通过语音、表情、手势等与家居设备进行交互。

人们将通过车联网实现智能出行。智能出行会将目前建立的城市交通信息网络、智能电网及社区信息网络连接起来，提供快速、安全、环保的出行体验。未来的汽车将具备高度智能的车载信息系统，可以随时随地获得即时资讯，并且及时做出与交通有关的决定。同时，未来的路网将设计成立体式交通网络，允许不同速度和模式的车辆快速通行。

未来的移动社交网络会逐步将在线交互与位置和社会活动等线下感知信息相结合，而不再是完全虚拟的网络。人们可以通过移动社交网络平台成为朋友，增加线上线下的交流。

社会感知是泛在计算的高级阶段。群智感知是实现社会感知的有效途径。在未来的群智感知中，每个人都会充当多个角色。

在上述应用驱动下，泛在计算将在大数据的推动下，在未来实现较大的发展。其在技术上也会面临较多挑战。目前，物联网、云计算、大数据、社交网络等技术的发展使人与设备的互动性增强，传统的泛在计算模型已经不再适应当前的应用环境，需要及时做出改变。信息空间、物理空间和社会空间逐渐融合，信息已经被深度嵌入物理环境中，因此迫切需要建立新型的信息基础设施为构建泛在计算环境服务。随着大量异构传感设备的使用，大规模、异构、多类型的数据挖掘和处理也将成为泛在计算的一个重大挑战，包括低质量数据的过滤、大数据的理解和处理技术等。

而随着云计算、社交网络、物联网及其他基础设施的发展，以及各种异构终端的兴起，以人为中心的普适感知源和服务源形成。以可穿戴设备为典型代表的微型终端通过与智能手机连接，可以极大地扩展现有设备的感知和交互能力，并能记录关于人的各个维度的信息，从而提供个性化的服务。

泛在计算在人机交互领域正处于茁壮成长时期，充分融合了智能计算技术、传感器技术及嵌入式技术等最新技术，在深度和广度上均达到了前所未有的水平。每一种新的生理信号均可能延伸为一种新型人机交互通道，利用这些新型生理信号的基于手势、脑电等新型感知方式的人机交互模式日渐兴起，将为人们提供更为直观、自然的交互体验。

泛在计算与社交网络深度融合带来线上线下行为的相互映照，通过线上数据可以对物理事件进行预测，而通过物理世界交互记录可以进一步增强线上交流。未来的挑战包括如何基于线上线下特征对用户进行建模，如何通过线上线下特征的融合进行行为预测等。

（一）可穿戴设备

可穿戴设备是可以直接穿在身上，或者整合到用户的衣服或配件中的一种便携式设备。它不仅是一种硬件设备，而且可以通过软件支持、数据交互和云端交互实现强大的功能。可穿戴设备将会为我们的生活带来很大改变。

英特尔公司已与迈克尔·J.福克斯帕金森病研究基金会合作，利用可穿戴设备监测帕金森病人的症状，并收集和分析相关数据，从中找出规律性的东西。该公司称，他们现在的临床工作旨在改善帕金森病的研究和治疗，并将率先推出新的大数据分析平台以监测帕金森病人的病情发展。这样一来，研究者将可以针对帕金森病人研究出更好的药物和治疗方法。

而 Veristride 公司开发出的"大数据分析"方法，可以给正在康复中的中风患者、截肢者或其他病人及其临床医生提供实时信息。Veristride 公司的技术已开始在截肢者和中风患者身上进行测试。他们还综合利用智能鞋垫、智能手机应用程序和数据分析平台给病人及其治疗专家提供有用的信息，包括病人过去和现在的病况，以及在此基础上分析预测病人将来可能会出现的情况。Veristride 公司的解决方案并不是简单的记录和汇报信息，还会识别病人步态的异常，提供适合病人的活动指南，跟踪病人的病情改变，以及根据现有情况提供预测信息。显而易见，一天提供足足 8h 的实时信息，这将有助于有效监测病人的病情及其康复情况，并提供积极有益的指导。

在这两个例子中，大数据分析是整个解决方案的灵魂，而可穿戴传感器只是收集信息的窗口。由于这些数据均被用于解决棘手的问题，因此这两种方案均具有实际的市场前景。

（二）可植入设备

1. 可植入式智能手机

现在，人们几乎已经实现与手机24h虚拟连接，那么与手机实现物理连接会怎样呢？早在2013年，艺术家安东尼·安东尼利斯（Anthony Antonellis）将RFID晶片植入自己的手臂中，成为"数码文身"，用以储存和向智能手机中转移艺术品图片。研究人员也在试验嵌入式传感器，将人体骨骼变成活体传声器。其他科学家正研究眼睛嵌入设备，可以通过眨眼捕捉图像，然后将其发送到任何本地存储设备中。如果将智能手机植入体内，显示屏应出现在哪里？知名跨国软件企业 Autodesk 的技术人员在测试一种系统，它可以通过人造皮肤展示图像。

2. 治愈芯片

现在，患者可以使用与智能手机应用直接相连的网络植入设备监测和治疗疾病。波士顿大学在测试一种新的仿生胰腺，可植入式针头上附有微型传感器，它可以与监测糖尿病患者血糖水平的智能手机应用直接对话。伦敦科学家正开发一种胶囊大小的电路，可以监测肥胖病人的脂肪水平，生成让他们感觉吃饱的遗传物质。这种电路有望取代手术或其他减肥方法。还有数十个团队正研究可监控心脏状况的植入设备。

3. 可以与医生对话的网络药丸

可植入设备不仅可以与手机交流，也能与医生对话。在名为 Pmteus 的项目中，英国科学家正研发一种网络药丸，它有微处理器，可以在人体内部直接给医生发送短信。这些药丸可以分享病人的体内信息，帮助医生了解病人的健康状况，以及服药是否有预期效果等。

4. 脑机界面

人类大脑与电脑直接相连曾是科幻小说中的幻想，美国布朗大学 BminGate 团队在研究大脑与电脑在现实中对接。他们在网站上写道："将婴儿版阿司匹林大小的电极植入大脑中，初步研究显示神经信号可被电脑实时解码，并用于操控外部设备。"英特尔科学家迪恩·波默洛（Dean Pomerleau）撰文称："最终，人类将更愿意向大脑中植入设备，你可以通过思想的力量进行网上冲浪。"

5. 可溶性生物电池

对可植入设备来说，一个重大挑战是如何为这些植入体内的设备提供能源。你无法将这些能源塞入体内，将设备取出来替换电池也不容易。美国马萨诸塞州 Draper Laboratory 的科学家在研发一种可生物降解的电池。它可以在体内发电，并将其无线传输到需要的地方，然后消融。其他研究包括利用人体内的葡萄糖为可植入设备提供动力，比如马铃薯电池，体积很小也更为先进。

6. 智能尘埃

当前最令人吃惊的可植入设备当数智能尘埃，这是一种有天线的微电脑阵列，每个都比沙粒更小，它们能在人体内自我组合成需要的网络，处理人体内的复杂情况。这些纳米器件可以攻击早期癌细胞，减轻伤口疼痛，甚至以加密方式存储关键个人信息等。有了智能尘埃，医生将可以在人体内进行手术，而无须开刀。信息被存储在人体内，形成个人的纳米网络，只有自己能解密。

（三）沉浸式虚拟现实

沉浸式虚拟现实（Immersive VR）为参与者提供完全沉浸式的体验，使用户有一种置身于虚拟世界之中的感觉。其明显的特点是利用头盔显示器把用户的视觉、听觉封闭起来，产生虚拟视觉，利用数据手套把用户的手感通道封闭起来，产生虚拟触动感。系统采用语音识别器让参与者对系统主机下达操作命令，与此同时，头、手、眼均有相应的头部跟踪器、手部跟踪器、眼睛视向跟踪器的追踪，使系统达到尽可能高的实时性。常见的沉浸式系统有基于头盔式显示器的系统、投影式虚拟现实系统。

微软可以利用该技术让主机游戏的显示效果突破电视屏幕的尺寸限制，在房间内投射出一个"外围图像"，为用户构建出能360°观看的虚拟场景。

与这套显示设备紧密配合工作的还有景深传感摄像系统，它可能采用 Kinect 的光学结构传感摄像头，也可能是更复杂的模型。它主要用以完成多图像捕捉、室内结构和布局感知等工作，以协助投影设备进行颜色和畸变校正，让投影出的图像看起来更真实。

主图像还会在房间中放置的电视等传统显示设备上显示，而该系统投影的环境图像分辨率会比主画面低，但并不会影响用户体验。此外，投影的图像未必就只是在墙上显示的二维画面，可以通过3D眼镜获得更逼真的效果。

由欧洲研究人员开发的 CEEDs 项目，利用一种沉浸式、多模式的互动系统，通过虚拟现实技术，使用户能"身临其境地体验"大数据，这一系统甚至能参照被试者的潜意识，对可视化场景进行调整。

该项目创立了一种沉浸式、多模式的互动系统，即电子经验归纳机（XIM）。一旦用户开始佩戴 XIM 系统的虚拟现实耳机，集合数据就会以不同形状或形式展现，这有助于降低理解数据的难度。这种可视化场景如同镜子一般，能够随着用户的反应而发生改变。如果有趣的事物吸引了用户的注意，场景的焦点也会随之调整。有趣的是，虚拟场景参考的不一定是用户有意识的反应，研究者正在寻找场景可随潜意识变化而变化的线索。

CEEDs 项目使用可穿戴技术测量人们对可视化后的大数据的反应。XIM 系统通过各种设备监控手势、眼球运动或心率。运动传感器对姿势和身体动作进行追踪。手套记录手部动作，以及测量握力和皮肤反应。语音设备检测用户说话时的情感特征。此外，系统对面部表情、瞳孔扩张和其他参数进行测量，以调整大数据的呈现方式。

第四节 大数据技术智能化发展趋势

人工智能已经发展了几十年的时间，但在近些年的发展却比较缓慢。大数据的出现又为人工智能提供了较多的用武之地，唤醒了人工智能的巨大潜力。而人工智能已经存在的理论和方法也逐渐被用于大数据技术中，并取得了一定的成果。大数据与人工智能相辅相成，共同呈现加速发展的趋势。

一、传统人工智能

机器学习是近 30 年来才兴起的一门多领域交叉学科，它涉及概率论、统计学、逼近论、凸分析、算法复杂度理论等多门学科。它专门研究计算机怎样模拟或实现人类的学习行为，以获取新的知识或技能，重新组织已有的知识结构，使之不断改善自身的性能。机器学习是人工智能的核心，也是计算机实现智能的根本途径。机器学习的应用范围很广，如在线广告、垃圾邮件过滤、手写识别、机器翻译等。但机器学习本身也有缺陷，容易引起维数灾难和过拟合。经典的机器学习不能真正表达"学习"的过程，无法产生具有确切现实意义的事物的概念，比如人脸识别，其实机器并没有得到"人脸"真正的实际意义，只是把人脸与其他事物区分开来。

除了以上提到的几个人工智能方法以外，深度学习正在成为一个重要的人工智能分支。深度学习是机器学习研究中的一个新领域。其目的在于建立和模拟人脑进行分析学习的神经网络。一些学者认为深度学习是建立真正的人工智能的正确方向。深度学习有监督学习和无监督学习之分。较其他人工智能方法，深度学习方法需要的人工协助较少，在预设较少的情况下，也可以达到较好的效果，适合已知条件不多的情况。目前对于深度学习的研究还有较多工作要做。在深度学习模型方面是否还有更好的学习模型是一个可研究的方向。另外，有效的并行化训练学习也是一个非常重要的研究方向。对于深度学习方法的研究，也曾遇到过瓶颈。深度学习算法对计算的时间和资源要求比较高，在解决现实问题时表现出较多弊端。而 GPU 技术的发展再次把深度学习带进研究者的视野，其所需的计算时间和计算资源不再是一个重要问题。然而，单个 GPU 对大规模数据识别或相似任务数据集并不适用，如何充分利用深度学习增强传统学习算法的性能仍是目前各个领域研究的重点。

总体来看，在整个 IT 行业的存储能力、计算能力和通信能力都迅速发展的情况下，人工智能领域已经取得了较多突破。人工智能的研究成果已经在各行各业得到了广泛应用，如数据挖掘、语音识别、工业机器人、银行业软件、医疗软件等。目前的人工智能方法都只能处理已预先定义好的问题，实现既定的目标。一旦遇到未定义的情况，人工智能便束手无策。因此，现阶段的人工智能技术并不能使机器具有真正的自主学习和研究的能力，更无法奢谈拥有创造能力。而使机器获得学习能力、研究能力和创造能力，恰恰是人工智能技术发展的目标。

二、基于大数据的人工智能

传统的人工智能虽然已经取得了较多成果，但或多或少存在着计算时间和计算资源等方面的瓶颈。而大数据技术的发展，为人工智能的发展提供了良好的契机。大数据技术使解决人工智能的扩展性和成长性问题成为可能。由于数据量和计算资源的限制，以往的人工智能技术不能发展出与人类相似的学习能力、研究能力和创造能力。人工智能是一件很复杂的事情，产生人工智能需要海量数据和针对这些海量数据的超级处理能力，而以前的机器所得到的数据量和拥有的数据处理能力都是不够的。

人工智能的发展正如人本身一样，需要学习大量知识和经验，这些知识和经验需要海量的数据作为支持。大数据技术的发展为分析和储存海量数据提供了技术支持，使机器得到的数据量和机器拥有的数据处理能力与形成人工智能所需要的数据量和数据处理能力不匹配的矛盾得到缓解。在这种情况下，人工智能的理论、方法和技术的巨大潜力才有可能被真正逐步释放出来，实现人工智能的发展目标，并反过来进一步推动大数据技术的发展，形成有效的相互推动。

目前基于大数据的智能分析已经有较多应用。在企业计算业务领域，大数据可以提供智能组织支持，提升决策、管理的效率。业界有的企业已经定义了下一代产品形态，即企业大数据分析引擎，关注流化数据处理和非结构化的数据处理。这个引擎能帮助企业在垂直行业市场中进一步加强与用户的紧密联系，从而在部署服务战略上走得更远。

海量数据对金融机构、运营商等行业客户业务的智能分析提出了新的挑战。到目前为止，大数据技术能对一些数量巨大、种类繁多、价值密度极低、本身快速变化的数据进行有效和低成本的存取、检索、分类、统计。然而，如何能同样有效和低成本地对收集和拥有的大数据进行智能分析，从而充分挖掘大数据的经济价值和社会价值，是大数据技术面临的一大难题。

在大数据智能推荐应用方面，人工智能也取得了较多成果。例如，Netflix 的影片推荐系统、Facebook 的社交图谱、Amazon 的购物推荐系统等，已经依靠深度学习和其他人工智能方法，实现了大数据之上的巨大商业价值。Google 还对深度学习和建立知识树 Knowledge Graph 投入巨大的研究资源，希望能够对人们日常生活中所普遍关心的问题进行解答。

IBM 公司的超级电脑沃森（Watson）系统是基于大数据技术的智能交互的另一个成功案例。它使用了自然语言语义分析、信息提取、知识表现、自动化推理、机器学习等人工智能方法，是当代人工智能研究的代表性成就。沃森拥有比它的上一代产品"深蓝"更强大的运算能力，能应对更复杂的比赛规则。现今，沃森已被用于医学中的癌症诊断，同样具备比最有经验的医生更高的准确率。但目前机器只是在某些特定领域表现出和人类可比的智力水平，在很多领域机器还差得很远。虽然沃森使用了机器学习技术，已经具有一定的学习能力，不过这个学习还是有指导的，完全的自学习能力还有待进一步研究和开发。

不难看出，已有的人工智能技术已经能使大数据的使用价值凸显出来，初步展现大数据的价值。其实，人工智能的潜力还远远未被释放出来。建立具有真正意义的人工智能系统是人类长期以来的梦想。面向大数据和人工智能的研究，近年来呈现出螺旋上升式发展态势，大数据时代的到来，赋予人工智能新的起点、新的使命和新的召唤。

在未来，计算机将有可能模仿人类的视、听、触、味、嗅 5 种感觉，在大数据的感知环境，更好地帮助人类认知，对人们的生活和行业发展产生深远影响。很快，计算机将能够"看到"。科学家相信，在未来，系统不仅能够看到和识别可视数据的内容，而且能把像素转化为含义，开始像人类那样观看和解析图片，从中理解其意义。在计算机视觉提升方面，未来"类似人脑"的能力将使计算机能分析颜色、纹理、材质或边缘信息，能通过解析图像得出图片的意义。这将对医疗、零售、农业等行业产生深远影响。

计算机将能够"听到"。比如，它们能探测到可能有死亡征兆的树木的活动，提示相关人员在树木倒掉之前修剪或者砍伐这些树木，从而保护人们的安全与财产。再如，它们能探测到火灾中风向的改变，帮助消防人员确定后续行动，从而控制火灾。

此外，计算机还将能听到并理解对我们至关重要的声音。例如，IBM 与医疗专家和学术机构合作收集数据，将婴儿声音与身体内部状况和行为关联起来，并且开发了先进的翻译系统，将来会在婴儿和幼儿身上使用。这种工具将识别并理解婴儿的咿呀学语，根据学到的声音含义分析他们真正想表达什么，这样人们就可以知道婴儿是饥饿、过热、疲劳还是难受。

计算机将拥有触觉。从本质上讲，触觉是一种物理体验。但是，借助红外线和触觉反馈技术，人们已经开始在游戏行业中模拟触觉。通过振动形式重新创造一种触感，并且用在移动设备和游戏机上，玩家能在赛车游戏中获得驾驶感受。同样，一旦计算机拥有触觉，在线购物时，商家将使用触觉技术让客户在购买之前"触摸"商品。购物者在有衣物图像的屏幕上滑动手指，即可感受到衣物的质地。

拥有强大嗅觉功能的计算机可以让人们感觉更安全，例如计算机可以探测到全球主要城市的空气污染等级。此外，计算机也可以安放在艺术馆中，嗅出人的鼻子无法感觉到但有可能破坏重要艺术品的气体。在未来 5 年内，计算机或手机中嵌入的微型传感器将"嗅出"用户是否患有感冒或其他疾病。

同时，认知系统时代的计算机将具备一套更加智能的系统，该系统一直处于不断学习和提高的状态。在认知系统时代，拥有人类五感的计算机将不再局限于演绎推理，或者从更普遍的数据中得出结论，而是模拟人类的归纳推理能力，同时具备学习的能力。

当然，科学家并不期望计算机完全替代人的功能。IBM 认为，认知型计算机的真正成功，并不在于它替代人脑的功能，而在于它提供的创新能够为人们带来更好的生活质量，而且为人们应对最严峻的挑战提供关键信息，使人们能够提出创新的解决之道。认知型计算机的诞生，是为了令人类和计算机在认知系统时代强强联合，完成更优秀的工作。

大数据与人工智能的交叉是未来计算机领域探索的一个重要方向，技术的交叉与整合是互联网未来发展的重要趋势之一。大数据与人工智能的研究相互交叉促进，产生了很多新的方法、应用和价值。大数据的发展本身使用了许多人工智能的理论和方法，人工智能也因大数据技术的发展进入了一个新的发展阶段。相信在大数据和人工智能的相互促进下，人工智能技术将有可能使机器真正获得自主学习和研究的能力，能处理未预先定义的新的情况，并使其变成机器拥有的一种新知识，甚至演进出机器的创造能力，真正实现与人类相似甚至超越人类的智能。因此，大数据时代的到来，开启了人工智能的新篇章。

第七章 计算机数据处理机器学习的应用领域

第一节 互联网与商业领域

一、互联网领域

机器学习和互联网相结合已经不再是什么新鲜事，百度成立三大实验室，即人工智能实验室、大数据实验室、深度学习研究院等也表明了百度在这一领域的决心和雄心。随着互联网企业用户的积累，软硬件的更新，想创造更大的利润，机器学习必然能起到关键的作用，它与互联网的结合必然也会推动整个互联网产业的一次巨大的发展，也是互联网发展的必然趋势。

（一）机器学习与信息安全

机器学习与信息安全的结合，可以从以下几个点切入：入侵检测系统、木马检测、漏洞扫描。

1. 入侵检测系统

入侵检测技术是近 20 年出现的一种主动保护自己免受攻击的网络安全技术，它在不影响网络性能的情况下对网络进行检测，从而提供对内部攻击、外部攻击和误用操作的实时保护。它通过收集和分析网络行为、安全日志、审计数据、其他网络上可以获得的信息以及计算机系统中若干关键点的信息，检查网络或系统中是否存在违反安全策略的行为和被攻击的迹象。入侵检测因此被认为是防火墙之后的第二道安全闸门，在不影响网络性能的情况下对网络进行监测。入侵检测通过执行以下任务来实现其功能：监视、分析用户及系统活动；系统构造和弱点审计；识别已知进攻活动的模式并向相关人士报警；异常行为模式的统计分析；评估重要系统和数据文件的完整性；操作系统的审计跟踪管理并识别用户违反安全策略的行为。正是由于机器学习在入侵检测技术中可以发挥重要作用，因此有关机器学习和人工智能的入侵检测模型和系统层出不穷，提出了在不同检测技术的入侵检测系统间相互学习的入侵检测模型"ZWP10"、基于新颖发现算法的入侵检测系统"GYN09"等模型，丰富了其在信息安全领域的应用。

2. 木马检测

网页木马是利用网页来进行破坏的病毒，它包含在恶意网页之中，通过使用脚本语言编写恶意代码，利用浏览器或者浏览器插件存在的漏洞来实现病毒的传播。当用户登录了包含网页病毒的恶意网站时，网页木马便会被激活，受影响的系统一旦感染网页病毒，就会被植入木马病毒，盗取密码等恶意程序。

目前对网页木马的分析方法主要分为动态分析和静态分析。动态分析主要有高交互式蜜罐和低交互式蜜罐两种方式。高交互式蜜罐使用真实的带有漏洞的系统，其优点是能够捕获零日漏洞"CH11"。低交互式蜜罐则是仿真模拟漏洞来捕获恶意代码，其主要优点是统一部署且风险性小，其主要缺点是不能发现利用零日漏洞的未知攻击。静态分析主要是利用特征码匹配来识别恶意代码，受到了加密和混淆的严峻挑战。

北京大学互联网安全技术北京市重点实验室根据蜜罐技术，提出了网页木马收集和重放方法"CH11"，尽可能收集和记录所有感染路径的相关信息，完整地收集了整个木马场景，然后使用了 Weka 提供的决策树分类算法，根据建好的决策树模型来决定每个网页属于哪个类别。

3. 漏洞扫描

漏洞扫描就是对计算机系统或者其他网络设备进行安全相关的检测，以找出安全隐患和可被黑客利用的漏洞。显然，漏洞扫描软件是把双刃剑，黑客利用它入侵系统，而系统管理员掌握它以后又可以有效地防范黑客入侵。因此，漏洞扫描是保证系统和网络安全必不可少的手段，必须仔细研究利用。

第一种是被动式策略，第二种是主动式策略。所谓被动式策略就是基于主机之上，对系统中不合适的设置、脆弱的口令以及其他同安全规则抵触的对象进行检查；而主动式策略是基于网络的，它通过执行一些脚本文件模拟对系统进行攻击的行为并记录系统的反应，从而发现其中的漏洞。利用被动式策略扫描称为系统安全扫描，利用主动式策略扫描称为网络安全扫描。

（二）机器学习与物联网

物联网是新一代信息技术的重要组成部分，顾名思义，物联网就是物物相连的互联网，其实现方式主要是通过各种信息传感设备，实时采集任何需要监控、连接、互动的物体或过程等各种需要的信息，与互联网结合形成的一个巨大网络。其目的是实现物与物、物与人，所有的物品与网络的连接，方便识别、管理和控制。物联网被称为是下一个万亿级的通信业务，所有的迹象都表明，世界已经开始进入物联网时代。

物联网的组成可归纳为以下四个部分：物品编码标识系统，它是物联网的基础；自动信息获取和感知系统，它解决信息的来源问题；网络系统，它解决信息的交互问题；应用和服务系统，它是建设物联网的目的。

在物联网的基础层，信息的采集主要靠传感器来实现，视觉传感器是其中最重要也是应用最广泛的一种。研究视觉传感器应用的学科即机器视觉，机器视觉相当于人的眼睛，主要用于检测一些复杂的图形识别任务。现在越来越多的项目都需要用到这样的检测，如 AOI 上的标志点识别、电子设备的外观瑕疵检测、食品药品的质量追溯以及 AGV 上的视觉导航等，这些领域都是机器视觉大有用途的地方。同时，随着物联网技术的持续发酵，机器视觉在这一领域的应用正在引起大家的广泛关注。

在自动信息获取和感知系统中，用到最多的技术是自动识别技术，它是指条码、射频、传感器等通过信息化手段将与物品有关的信息用一定的方法自动输入计算机系统的技术的总称。自动识别技术在 20 世纪 70 年代初步形成规模，它帮助人们快速地进行海量数据的自动采集，解决了应用中由于数据输入速度慢、出错率高等造成的"瓶颈"问题。目前，自动识别技术被广泛地应用在商业、工业、交通运输业、邮电通信业、物资管理、仓储等行业，为国家信息化建设做出了重要贡献。在目前的物联网技术中，基于图像传感器采集后的图像，一般通过图像处理来实现自动识别。条码识读、生物识别（人脸、语音、指纹、静脉）、图像识别、OCR 光学字符识别等，都是通过机器视觉图像采集设备采集到目标图像，然后通过软件分析对比图像中的纹理特征等，实现自动识别。目前国内机器视觉厂商中，视觉产品在物联网行业中应用较多的有维视图像，其产品在该行业的主要应用方向如基于图像处理技术的织物组织自动识别、指纹自动识别、条纹痕迹图像处理自动识别、动物毛发及植物纤维显微自动识别等。

我们可以提供一些简单的应用案例，来说明机器视觉在物联网行业的应用。当司机出现操作失误时汽车会自动报警——失误由视觉硬件采集图像反应，然后由图像处理软件做出判断，并将信号传送给中央处理器；公文包会提醒主人忘带了什么东西——已经携带的物品与数据库内原有的物品进行对比确认，也是通过机器视觉的办法实现的；当搬运人员卸货时，货物包装可能会大叫"你扔疼我了"，或者说"亲爱的，请你不要太野蛮，可以吗"；当司机在和别人扯闲话，货车会装作老板的声音怒吼"该发车了！"——基本情况的判断，特别是复杂情况下，单一类型的传感器无法取得全面的信息，而视觉系统是人类取得信息量最大的一个系统，对应实现其功能的机器视觉系统，可以帮助物联网在基础层面方便快捷地获取大量的信息，支撑后期的判断处理。

从当前的物联网发展形势来看，逐步形成了长江三角洲、珠江三角洲、环渤海地区、中西部地区四大核心区域。这四大区域目前形成了中国物联网产业的核心产业带。呈现出物联网知识普及率高、产业链完善、研发机构密集、示范基地和工程起步早的特点。在这些区域，已经建设了很多基于感知、监测、控制等方面的示范型工程。特别是在智能家居、智能农业、智能电网等方面，成绩比较突出，在矿山感知、电梯监控、智能家居、农业监控、停车场、医疗、远程抄表等方面都取得重大突破。

二、商业领域

人们可能听说过谷歌和脸书这样的公司如何利用机器学习来开车、识别语音和分类图片，那么这些公司究竟如何使用机器学习的呢？

一家支付处理公司在几十亿次交易中，实时检测到了欺诈行为，每月减少损失达 100 万美元。

一家汽车保险公司用详细的地理空间数据，预测保险索赔的损失，让他们能够对极端天气对生意的影响进行建模。

有了车载通信技术提供的数据，一家厂商发现了运营指标的规律，并用它们来驱动前瞻性主动维护业务。

这些成功的故事中有两个相同的主题。首先，每个应用都基于大数据——极大数量的、格式不同的快速数据；其次，每个案例中，机器学习都揭示出了新的洞察，并驱动了价值的增长。

机器学习的技术基础已有超过 50 年历史了，但是直到最近，学术界之外的人才注意到它的能力。机器学习需要大量的计算能力，但早期的使用者缺乏成本划算的基础设施。近期，机器学习引起了许多人的兴趣，逐渐活跃起来，这归功于一些正在融合的趋势。摩尔定律极大降低了计算成本；大规模计算能力可用最小的成本获得。具有独创性的新算法提升了计算速度。数据科学家积累了许多理论和实践知识，提升了机器学习的效率。总的来说，大数据带来的飓风创造了许多无法用传统统计学方法解决的分析问题。需要是发明之母。旧的分析方法已经不适用于今天的商业环境。

（一）业务流程自动化

机器再造工程（Machine-reengineering）是一种使用机器学习实现业务流程自动化的方式。尽管机器再造工程是一项新兴技术，很多企业已经看到了显著成效，尤其是在提高运作速度和效率方面。通过研究 168 个早期就开始试用这项技术的组织或企业，我们发现绝大部分业务流程的运作速度都有了 2 倍以上的提升，一些组织报告说速度的提升甚至达到了 10 倍以上。

这些企业组织是如何做到的呢？研究发现这些企业通过机器再造工程建立新型人机合作模式，从而打破了复杂的数字化流程的瓶颈。在一些情况下，如图像分析和撰写报告，机器再造工程技术直接帮助员工去执行数字任务。在其他情况下，这项技术帮人们从繁冗的数据里激发灵感、找到关键。

许多开发者相信，机器学习将变得像搜索引擎一样无处不在和使用简便。在搜索引擎方面，谷歌、雅虎等公司向普通用户释放了 Web 的力量，让他们能在浩如烟海的网页中找到自己想要的信息。同样地，机器学习也能帮助各种各样的企业利用现代化的数据集获取有价值的洞察。目前，我们还未做到这一点。要达到理想的未来，还需要更多的投入——不仅来自机器学习开发者，还来自那些数据量和分析需求早已超出传统方法处理范畴的商业用户。

（二）市场营销

营销的价值在于满足需求，但事实上消费者的需求很难解析。他们的需求每天都在变化，针对性不强或相关性低的广告和邮件很难被消费者接受。除了工作流程自动化和客户服务 bot，越来越多的软件也在帮助品牌商理解甚至预测消费者最细微的需求。科林·凯利（Colin Kelley）是电话追踪和分析的自动化营销公司 Invoca 的联合创始人兼首席技术官（Chief Technology Officer，CTO），在通信技术和电话智能领域有 25 年经验，他指出："多年来，营销行业关于数据驱动个性化的讨论从没停止，市场营销已经取得了很大的进步，但我们才刚刚开始察觉机器学习为特定人群匹配商品和服务的潜力。"

营销 1.0 版本所代表的 20 世纪早期的市场，销售产品给表现出需求的人。

20 世纪 50 年代，市场营销 2.0 崛起了，广告激发了消费者的购买欲。营销 3.0 时代是一个新阶段，机器学习使销售人员超越之前模式，在增加营销影响力和效率的同时，回归营销的最初目的。

营销 1.0：满足已表达出来的需求。

营销 2.0：创造需求，然后满足需求。

营销 3.0：通过机器分析需求，然后满足需求。

通过机器学习，营销 3.0 更快、更精确地在恰当的环境中将消费者和产品进行匹配，同时锁定具有明确需求和隐含需求的消费者。机器从大量现实世界的例子中学习，通过观察过去的行为来预测未来的意图。营销人员无须掌握从大量数据中产生的精确模式，或总结决定人们行为的规则。换句话讲，机器学习使营销人员完成了一次角色转换，从尝试操纵客户的需求变成了满足他们在特定时刻的实际需求。

一位宝马经销商希望出售更多的特定车型，他使用机器学习来识别过去一年中购买宝马 5 系客户的相关指标，研究了奥迪 A6 和奔驰 E 级轿车每加仑汽油的行驶里程，之后发现这些车具有相似的用户特征。

设想一个这样的情况：某人想买一辆车，而他的一位朋友刚好最近买了一辆宝马 5 系，因此了解了该车远程 3D 视图的功能。当他在手机上搜索"宝马 5 系"时，会看到一个在其周围 10 千米半径范围内的经销商列表。然后当打电话给经销商询问他们的库存时，他们就知道此人已经准备好购买这款车。于是此人将被自动匹配到给其朋友服务的销售代表，他的朋友知道他感兴趣的规格，并将向其介绍 3D 视图。

对于连接在线和离线互动，如在移动广告、电子邮件营销活动以及电话会话和现场体验等方面，预测功能具有大量可能性。随着谷歌、脸书以及苹果和亚马逊加大语音助理和自然语言处理技术的投资，这种互动的预测正在成为现实。据说亚马逊正在更新 Alexa，使其成为更富有情感的智能。从在客厅里发出语音命令到直接通过 Echo 完成商业沟通和在线购物的过渡并不难实现。谈话是最自然的互动形式，有利于建立关系。

语音将成为营销人员在机器学习能力与创造人类体验需求之间寻找平衡点的关键。即使机器可以在恰当的时间表达信息和建议，消费者仍然希望建立人与人之间的对话，特别是当涉及复杂或昂贵的产品的购买时。客户乐意接受让 Alexa 帮其订购一个比萨，但不会让它帮着买车。

机器的作用在于寻找消费者行为与其最终目的之间的关联。营销人员的角色是搞清楚如何增强软件的作用，如在自动化方面，在购买行为完成之后自动发送电子邮件，以及预测什么是最吸引顾客的产品。未来营销 4.0 的浪潮将进一步满足消费者已表达的和未表达的需求。

我们正朝着一个更具预测性的世界迈进，在这个世界中，机器学习能够激发消费者和品牌商之间的主要互动，这和人与人之间的联系或是真实的体验没有差异。营销将真正由数据驱动，在满足消费者期望的同时，通过技术的力量改变之前营销固有的方法。

(三) 信用评级

信用评级简单理解就是通过一定的方法将贷款客户进行分类，产生一系列的级别，因此其核心算法可以理解为是经典的多分类问题。企业信用评级的传统方法主要包括专家法、打分法等在内的主观综合法，在信用评级行为越来越频繁和普遍的今天，冗繁的评定过程和过强的主观性使人们开始寻求传统法之外的信用评级方法。20 世纪 30 年代以来，随着统计学的发展，基于统计判别方法的评级方法成为国外信用评级体系的支柱，主流方法包括多元判别分析法（Multivariate Discriminant Analysis，MDA）、加权逻辑回归分析模型、Probit 回归分析模型等。除此之外，传统的信用评级常用的方法还包括模糊综合评价法 FCE、层次分析法等。

随着近 20 年来机器学习技术的发展和兴起，越来越多与之相关的技术被运用到信用评级的工作中，其中应用较为广泛的包括 ANN、支持向量机和投影寻踪等。而它们也因为对财务样本较少的依赖以及良好的预测效果越来越成为信用评级中的热门研究领域。

ANN 近年来在多个领域迅速兴起，包括会计和金融、健康和医药、工程和制造业、营销等多个领域取得了很好的应用。ANN 相比于传统的统计学方法也是一种有效的处理回归和分类问题的方法，并被证明在信用评级问题上也具有良好的表现。ANN 是一种通过模拟生物神经网络的结构和功能的数学模型，是一种自适应的非线性的建模方式，常用来针对输入和输出之间的复杂关系进行探索。

第二节　农业与医疗信息化建设领域

一、农业信息化建设领域

（一）数字农业

随着农业信息化的迅速发展，作物图像信息成为农业大数据的主体。

农业是一个复杂的生命系统，具有典型的生态区域性和生理过程复杂性。信息技术是推动社会经济变革的重要力量，加速信息化发展是世界各国的共同选择。我国是个农业大国，对农业信息化技术与科学有着巨大需求。我国农业信息技术通过 10 多年的发展，大量的国家级项目得以成功实施，如"土壤作物信息采集与肥水精量实施关键技术及装备""设施农业生物环境数字化测控技术研究应用""北京市都市型现代农业 221 信息平台研发与应用""黄河三角洲农产品质量安全追溯平台"，农业信息化取得了丰硕成果。

农业物联网成为农业信息化系统的重要设施，它将视频传感器节点组建为监控网络，远程监护作物生长，帮助农民及时发现问题。农业物联网运用温度、湿度传感器，pH 值、CO_2、光传感器等设备，检测生产环境中的诸多农情环境参数，通过仪器仪表实时显示和自动控制，保证一个良好的、适宜农作物的生长环境，它能设定作物栽培的最优条件，为环境精确调控奠定了科学依据，提高产量、优化农产品品质、改善生产力水平。在此过程中，随着农业物联网发展迅速，农业大数据现象急剧凸显。

果园物联网建设大大提升了果蔬生产能力和效益。北京农科院在顺义区农科所基地、绿富农果蔬专业合作社、康鑫园农业生产基地等果蔬基地安装土壤环境信息感知、空气环境信息感知、气象信息监测感知、视频信息感知各类感知设备130 套，配套自动灌溉及用水调度调控及温室环境综合调控设备45 套，并预留处理接口，实现云端控制，提供手机、计算机的设施农业生产过程监管和农产品市场行情云服务。

定点视频感知设备是产生农业图像数据的重要源头。例如，中国农业科学院主导的项目"小麦苗情远程监控与诊断管理"，按 100 个监测点计算，每天就产生约 1TB 的高清数据。在小麦数据监控工作中，对生育期进程进行监测，在监测的过程中研究探讨不同发育时期各项生理指标的变化，如何利用监测数据进行科学的判断决策，为小麦化学除草技术及用药提供指导，例如，除草剂是植物毒剂，除草效果受环境条件、用药技术水平的影响较大，技术指导对改进除草效果有着潜在的建设性意义。

移动农业机器人也是农业图像信息获取的主要途径。在澳大利亚，采用机器人技术提高农业领域竞争力的现象相对普遍。农业机器人本质上是一种智能化农业机械。它的出现和应用，改变了传统的农业劳动方式，改变了定点视频监控局面，实现了农情信息"巡防"，能够捕获更精准、多角度的农业图像信息。

因此，伴随着农业智能设备及传感器、物联网的普遍应用，海量有价值的农业图像数据和农情信息得以采集存储，如何对这些数据特别是图像数据进行处理，从中发现并提取新颖的农业知识模式，成为发掘项目效益和促进农业生产力发展的关键举措。相对于海量积累的农业数据，机器学习的行业基础技术储备严重不足，农业领域现有处理技术无法满足如此大规模信息的即时分析挖掘需求。如何进行数据处理和学习，挖掘有价值的农业生产知识，使之有效地服务于智慧农业，已经成为现代农业发展的突出科技问题。

（二）机器视觉与农业生产自动化

机器视觉技术在农业生产上的研究与应用，始于 20 世纪 70 年代末期，主要的研究集中于桃、香蕉、西红柿、黄瓜等农产品的品质检测和分级。由于受到当时计算机发展水平的影响，检测速度达不到实时的要求，处于实验研究阶段。随着电子技术、计算机软硬件技术、图像处理技术及与人类视觉相关的生理技术的迅速发展，机器视觉技术本身在理论和实践上都取得了重大突破。在农业机械上的研究与应用也有了较大的进展，除农产品分选机械外，目前已渗透到收获、农田作业、农产品品质识别以及植物生长检测等领域，有些已取得了实用性成果。

农作物收获自动化是机器视觉技术在收获机械中的应用，是近年来最热门的研究课题之一。其基本原理是在收获机械上配备摄像系统，采集田间或果树上作业区域图像，运用图像处理与分析的方法判别图像中是否有目标，如水果、蔬菜等，发现目标后，引导机械手完成采摘。研究涉及西红柿、卷心菜、西瓜、苹果等农产品，但是，由于田间或果园作业环境较为复杂，采集的图像含有大量噪声或干扰，如植物或蔬菜的果实常常被茎叶遮挡，田间光照也时常变化，因此，造成目标信息判别速度较慢，识别的准确率不高。

由于受计算机、图像处理等相关技术发展的影响，机器视觉技术在播种、施肥、植保等农田作业机械中的应用研究起步较晚。农药的粗放式喷洒是农业生产中效率最低、污染最严重的环节，因此需要针对杂草精确喷洒除草剂，针对大田植株精准喷洒杀虫剂进行病虫害防治。采用机器视觉技术进行农田作业时，需要解决植株秧苗行列的识别、作物行与机器相对位置的确定导向和杂草与植株的识别等主要问题。

农产品品质自动识别是机器视觉技术在农业机械中应用最早、最多的一个方面，主要是利用该项技术进行无损检测。一是利用农产品表面所反映出的一些基本物理特性对产品按一定的标准进行质量评估和分级。需要进行检测的物理参数有尺寸、质量形状、色彩及表面缺损状态等。二是对农产品内部品质的机器视觉的无损检测。例如，对玉米籽粒应力裂纹机器视觉无损检测技术研究，采用高速滤波法将其识别出来，检测精度为90%，烟叶等级判断的研究在实验室已达到较高的识别效果，与专家分级结果的吻合率约为83%。三是对果梗等情况的准确判别对水果分级具有非常重要的意义，国外学者对果梗识别已进行了不少研究。目前为止，所提出的识别果梗的有关算法均还存在计算复杂、速度较慢、判别精度低等问题，还有待于进一步深入研究。由于农产品在生产过程中受到人为和自然生长条件等因素的影响，其形状、大小及色泽等差异很大，很难做到整齐划一及根据质量、大小、色泽等特征进行的质量分级、大小分级，通常只能进行单一指标的检测，不能满足分级中对综合指标的要求，还须配合人工分选，分选的效率不高，准确性较差，也不利于实现自动化。长期以来，品质自动化检测和反馈控制一直是难以实现农产品品质自动识别的关键问题。

设施农业生产中，为了使作物在最经济的生长空间内，获得最高产量、品质和经济效益，达到优质高产的目的，必须提高环境调控技术。利用计算机视觉技术对植物生长进行监测具有无损、快速、实时等特点，它不仅可以检测设施内植物的叶片面积、叶片周长、茎秆直径、叶柄夹角等外部生长参数，还可以根据果实表面颜色及果实大小判别其成熟度以及作物缺水缺肥等情况。

（三）作物病害识别

1. 作物图像信息自动识别有助于作物病害长势的智能解读及预警

当农民看到小麦地里长出了杂草时，他的第一反应是如何除草。当果农看到果体体表出现腐烂、轮纹或者黑星时，第一反应是"果实得了什么病，该喷什么药，防止其蔓延"。当农业生产环境中的视频感知设备，或者农业机器人感知到类似的图像信息时，大部分设备，只是当作什么都没发生，如往常一样把这些信息数字化并记录下来，传输到云端保存起来，这就是视频设备对农情的视而不见。

设备只能采集图像，缺乏加工提取功能，无法得到有价值的信息。对云端的农情图像信息分析识别处理，而使得系统能做出类似智能生命体的响应，这成为解决问题的首要任务。要设备能够"看得见"，关键是具备图像信息的识别功能，农业图像信息识别在生产中有着广泛的应用。

提高农业机械作业的效率。在大田杂草识别方面，采用机器视觉图像信息，基于纹理、位置、颜色和形状等特征，识别作物（玉米、小麦）行间在苗期的杂草，针对性地变量喷洒化学制剂，提高精准农业的效率。

开发高智能水平的农业机器人。在农业机器人视觉领域，中国农业大学实验室研制的农业机器人，成功执行从架上采摘黄瓜放到后置筐的操作过程，它装备了感应智能采摘臂，通过电子眼，可以在80～160厘米高度内定位到成熟黄瓜的空间位置，并且自动地伸出采摘手臂实施采摘，再由机械手末端的柔性手臂根据瓜体表皮软硬度自动紧握黄瓜，再用切刀割断瓜梗，缓缓送入安装在机器人后面的果筐。其中，关键的系统是果实识别，利用黄瓜果实和背景叶片在红外波段呈现较大的分光反射特性上的差异，将果实和叶片从图像中分离。

实时预警和识别作物病虫害。有研究人员基于图像规则与安卓手机的棉花病虫害诊断系统，通过产生式规则专家系统和现场指认式诊断，开发了基于安卓的病害诊断。通过在现场实时获取作物的长势信息，通过智能识别和诊断系统，对其病虫害感染情况做出科学判断。

处理识别非结构化的图像数据成本高，过程复杂。在农业大数据中，结构化的数值数据如气象、土壤等，其含义已经明确，数据和生态环境相关性可以通过农学知识给出，知识挖掘任务主要是探讨其中时间序列的规律以指导农业耕作，其数据容量，相比于图像是很小的。图像直观、形象地表达了作物生长、发育、健康状况、受害程度、病因等方方面面的信息。资深农学专家能看懂，悟出其中语义，做出准确把握，为农技措施给出科学指导。让机器视觉设备能实施同样工作，就是研究的终极目标。培养资深专家高昂的社会成本、时间成本和稀缺性，以及大数据的海量、决策紧迫性都使得依靠人力来快速、科学解读农业数据的海量图像信息显得极不现实，图像信息的机器识别对于问题的解决能发挥出巨大的推动作用。

2. 作物病害图像识别促进精准、高效、绿色农业发展

农业生产过程中，生理病变和虫害侵袭仍然是妨碍作物生长的基本问题。在病害空间分布、杂草种类不能准确识别的前提下，盲目地、笼统地喷洒化肥、杀虫制剂等化学物质不仅会造成大量浪费，而且会严重污染土壤环境，危及食品、食材安全，影响人类健康。因此，研究如何利用机器视觉和图像感知自动、及时、精确识别作物和杂草，健康作物和病害作物以及病变种类就十分必要。

农药残留威胁着生态环境和人类健康。喷洒后的农药，一些附着在农作物表面，或渗入其体内，使粮食、蔬菜、水果等受到污染；另一部分飘落在地表或挥发、飘散到空气中，或混入雨水及灌溉排水进入河流湖泊，污染水源和水中生物。残留农药途经饲料，使禽畜产品受到污染；还有一部分通过空气、饮水、食物，最后进入人体，引发多种病害。

此外，过量的化学肥料破坏农业生态环境。农田所追加的各品种和形态的化学肥料，都不可能百分之百被作物吸收，不能吸收的部分给农业生产造成大量浪费，给农业环境带来污染。农业要持续发展，必须尽快实施精准农业策略和化学制剂变量追加，降低农业成本和培养市场竞争优势，保护生态环境，实现可持续发展。

利用视频感知和人工智能技术识别病变图像是实现精准农业变量投入的技术前提，成为精准、高效、绿色、安全、可持续农业的基石。最近几年，信息加工、机器学习技术取得了长足发展，CPU、内存等硬件性价比也大幅度提高，这些进一步为感知图像的人工智能识别技术在农业信息化领域的应用及科学研究提供了有力支撑，为提高农作物精确化水平提供了可能。

3. 研究机器学习的作物病害识别将提高农业信息化的智能化水平

智慧农业将物联网技术运用到传统农业，运用传感器和计算机软件通过移动终端或者电脑平台对农业生产进行控制，使传统农业更具有"智慧"。除了精准感知、控制与决策管理外，从更广的意义上讲，它的内涵还包括农业电子商务、食品溯源防伪、农业信息服务等方面的内容，且能便捷地实现农业可视化远程诊断与控制、灾变预警等智能管理。它是农业生产的高级阶段，依托农业生产现场的各类信息传感节点和无线通信网络实现生产环境的智能感知、智能预警、智能决策、智能分析、专家在线指导，为农业提供精准化生产、智能化决策。

智慧农业的物联网积累了海量有价值的农业数据，物联网数据增长速度越来越快，非结构数据越来越多，"数据泛滥，知识贫乏"也成为智慧农业领域面临

的困境。机器学习将提高农业信息系统的智能化水准和大大改善农业信息化服务质量。从实践中不断吸取失败的教训，总结成功的经验，让下一次实践完成得更好，是人类认知的基本路线。让机器也能复制类似的自我学习智能，让机器专家成为不断成长寻优的专家，将机器学习智能植入农业智能系统，让智能系统的领域知识动态地自更新、自寻优，从而提高智能系统对农业复杂问题的科学决策水平，延伸农业生产力，这成为机器学习在智慧农业中的终极发展目标。智能和智慧都离不开机器学习，复杂多变的生产环境对智能系统作业精准度提出了更高要求，使得智慧农业日益增长的知识需求和机器学习速度精度之间的矛盾表现得愈加突出，研究机器学习技术在作物病害识别中的应用将大大提高农业信息化的智能化水平，推动机器学习新技术有机融入对智慧农业有着积极意义。

二、医疗领域

数据越来越丰富，技术越来越先进，医疗健康领域的机会也在不断涌现，不断激励着从业者们为人类的健康和福祉实现更多的可能。

（一）脑网络

人脑的结构和功能极其复杂，理解大脑的运转机制，是新世纪人类面临的最大的挑战之一。世界各国投入了大量的人力和物力进行研究。例如，美国和欧盟分别投入 38 亿美元和 10 亿欧元，启动大脑研究计划。脑科学研究成果一方面将为人类更好地了解大脑、保护大脑、开发大脑潜能等方面做出重要贡献，同时也有助于加深对阿尔茨海默病及其早期阶段即轻度认知功能障碍、帕金森病等脑疾病的理解，找到一系列神经性疾病的早期诊断和治疗新方法。

大量医学和生物方面的研究成果表明，人的认知过程通常依赖不同神经元和脑区间的交互。近年来，现代成像技术如磁共振成像和正电子发射断层扫描等提供了一种非侵入式的方式来有效探索人脑及其交互模式。

从脑影像数据可进一步构建脑网络，由于脑网络能从脑连接层面刻画大脑功能或结构的交互，脑网络分析已成为近年来脑影像研究中的一个热点。目前，脑网络分析研究主要包括：①探索大脑区域之间结构性和功能性连接关系；②分析一些脑疾病所呈现的非正常连接，从而寻找可能对疾病敏感的一些生物标记。由于增加了具有生物学意义测量的可靠性，从脑影像中学习连接特性对识别基于图像的生物标记展现了潜在的应用前景。

脑网络是对大脑连接的一种简单表示。在脑网络中，节点通常被定义为神经元、皮层或感兴趣区域，而边则对应着它们之间的连接模式。根据边的构造方式，可以把脑网络分为以下两种：①结构性连接网络，指不同神经元之间医学结构上的连接模式，其边一般是（神经元的）轴突或纤维。②功能性连接网络，是指大脑区域间功能关联模式，其可以通过测量来自功能性磁共振成像或脑电/脑磁数据的神经电生理活动时序信号而获得。如果构建的连接网络的边是有向的，则又称为有效连接网。

脑网络分析提供了一个新的途径来探索脑功能障碍与脑疾病相关的潜在结构性破坏之间的关联。已有研究表明，许多神经和精神疾病能被描述为一些异常的连接，表现为大脑区域之间连接中断或异常整合。例如，阿尔茨海默病人功能性连接网络的小世界特性发生了变化，反映出系统的完整性已被破坏。同时，阿尔茨海默和轻度认知损伤（Mild Cognitive Impairment，MCI）病人的海马与其他脑区的连接以及额叶和其他脑区的连接也已改变。目前，有关脑网络分析的研究可以大致分为两类：①基于特定假设驱动的群组差异性测试，如小世界网络、默认模式网络和海马网络等；②基于机器学习方法的个体分类和预测。

在第①类中，研究工作主要集中在利用图论分析方法寻找疾病在脑网络功能上的障碍，从而揭示患者大脑和正常人大脑之间的连接性差异。通过使用组对比分析的方法，一些研究者已经研究了阿尔茨海默/轻度认知损伤的大脑网络，并在各种网络中发现了一些非正常连接，包括默认模式网络及其他静息态网络。另外，研究者也分析和发现了精神分裂症中一些非正常的功能性连接。然而，这一类研究主要的限制是一般只寻找支持某种驱动假设的证据，而不能自动完成对个体的分类。

在第②类研究工作中，机器学习方法被用来训练分类模型，从而能够精确地对个体进行分类。例如，研究者利用弥散张量图像和功能性磁共振成像（Functional Magnetic Resonance Imaging，FMRI）构建网络学习模型用于阿尔茨海默和轻度认知损伤的分类研究。另外，研究者也基于脑网络模型开展其他脑疾病研究，如精神分裂症等。由于能够从数据中自动分析获得规律，并利用规律对未知数据进行预测以及辅助寻找可能对疾病比较敏感的生物标记，基于机器学习的脑网络分析已成为一个新的研究热点，并吸引了越来越多研究者的兴趣。

（二）基因功能注释

随着高通量技术如基因芯片、测序的发展，涌现出关于物种的各种高通量数据，如基因表达谱、蛋白相互作用（Protein Protein Interaction，PPI）、蛋白质结构、基因组突变、表观遗传修饰、转录因子结合位点等。各式各样数据库的建立，使得利用计算机、数学及统计学的方法进行基因功能注释成为可能。近年来，生物信息学家不断地改进算法和策略，试图更加准确地对基因进行功能注释，其中最为常见的是机器学习方法。

机器学习方法用于基因功能注释中。常将输入数据分为正集合和负集合，正集合为具有该功能的基因及其特征，负集合为不具有该功能的基因及其特征。这些特征主要包括提取自蛋白质序列与结构，互作网络包括蛋白质序列长度、分子量、原子数、总平均亲水指数、氨基酸组成、理化特性、二级结构、亚细胞定位、表达等。这些特征输入模型进行训练，以构建该功能的分类器，从而对新基因是否具有该功能进行预测。因此，基因功能注释的机器学习方法可以说是一个多示例多标记学习（Multi-Instance Multi-Label Learning，MIML）的问题。用于训练预测模型的数据集称为训练集。此外，机器学习方法还需要验证集（Validation Set）以调整模型的参数，以及测试集（Test Set）来测试模型的性能。交叉验证和受试者工作特征（Receiver Operating Characteristic，ROC）曲线、PR（Precision Recall）曲线常用于模型预测性能的分析。最常用的评价指标为 ROC 曲线下面积（Areaunder the ROC Curve，AUC）和 PR 曲线下面积（Areaunder the PR Curve，AUPRC）等。

（三）中医药配方评估

中医药是一门经验学科，发源于中国黄河流域，很早之前就形成了一门具有特色的学术体系。在漫长的历史过程中，劳动人民有着许多奇妙的创造，涌现了大批中医药领域的名医，并且出现了不同的学派，各个朝代和中医从业者编著了大量相关的名著，并流传下了不断被后人研究的基础中医配方。中国历史上有人人皆知的"神农尝百草……一日而遇七十毒"的传说，这反映了历史中各个时期的人民群众在与病痛、与大自然的不断抗争过程中发现中医药物、累积经验的漫长历程，也真实描写了中医药的起源。由此可以看出，中医药是几千年中国劳动人民的智慧结晶。

大量的经典书籍、历代积累的方剂以及现代人们在实践中产生的中医药数据很难依靠人工处理的方法进行中医药理论基础的研究，该过程尤其缓慢，而数据挖掘就是为了解决"数据丰富"与"知识贫乏"之间的矛盾。如果能利用机器学习的方法辅助中医药的研究，就可以大量节省人力成本，同时提高中医药的客观性，从而能够更好地推广中医药。事实上，中药知识的累积就是一个十分长久并且自主应用"机器学习"的方法的过程，流传下来的都是积极成功的治疗方法或经验，消极失败的经验被摒弃或者被记录下来以示警戒。依据古人多年的知识经验和实践，人们通过进一步研究而形成了现代中医理论，如方剂的君臣佐使结构、"十八反"研究、药物配伍关系等。

为了提高中医药研究的客观性，许多中医药学者和计算机科学学者使用科学实验、数据分析的方法对中医药进行研究。关联规则、频繁项集、聚类分析和ANN是在中医领域应用的最多的方法，从已发表论文来看，已经有研究者将复杂网络应用到中药预测分析上，也有相关人员尝试了使用 ANN 和支持向量机等方法进行中药指纹图谱模式识别问题研究分析。同样，关联规则和频繁项集也已经被应用到了中药"十八反"的禁忌问题研究上，还有很多将数据挖掘或者机器学习等相关计算机技术与中医药问题结合起来的研究，为中医药研究的客观性和自动化提供了一种新的思路。

第三节　城建工程与电信零售领域

一、城市规划

城市是一个典型的动态空间复杂系统，具有开放性、动态性、自组织性、非平衡性等耗散结构特征。城市的发展变化受到自然、社会、经济、文化、政治、法律等多种因素的影响，因而其行为过程具有高度的复杂性。城市规划研究与规划编制管理以城市系统为研究对象，现代城市规划奠基发展的100多年间，伴随着社会科学思潮发展和科学技术革命成为规划行业发展的重要动因，也为了实现建设理想城市的规划愿景，学者、规划师和规划管理者不断吸收借鉴社会科学和工程技术的最新成果。近年来，随着移动互联网、云计算和高性能计算等信息技术不断取得突破，城乡规划行业信息化新技术应用再次迎来一股热潮，代表性的探索包括通过大数据剖析人类时空行为，从而构建城市空间结构及环境品质的多维度认知，云计算和高性能计算相结合实现协同在线规划编制管理，以及通过数据增强设计以提高设计的科学性，等等。

（一）采用机器学习人工智能技术升级现有规划决策辅助模型

目前广泛采用的各类规划模拟仿真支持系统，大都源于20世纪80年代基于专业领域人工智能技术开发的专家系统或决策支持系统。这些系统中的重要模块如交通仿真模型和土地利用模拟模型，往往是基于单 PC 机或单工作站计算能力，采用元包自动机、多智体、空间句法等人工智能算法内核进行开发，仅能适应简单要素和理想边界条件下的仿真预测。目前常规的技术升级路线是基于现有模型的，应用高性能计算的并行处理能力，提高模拟能力和效率。例如，在交通仿真模型方面，欧美国家已开发出一些应用级系统，如加拿大的 SOFTIMAGE 公司和英国的 Quadstone 公司开发的 PARAMICS 交通并行仿真系统，以及德国 PTV 公司开发的 VISSIM 等；在城市用地模拟方面，基于原包自动机并行化思路提高模拟效率的学术理论探讨已经展开。依据这一技术路线，用于人工智能模型训练的数据来源仍仅局限于结构化基础数据，而在大数据时代产生的大量视频监控、街景地图、航拍遥感、社交网络照片等图像、视频非结构化数据所蕴含的内在经验无法融入。可参考 Google Q-Network 等的模型构建思路，将非结构化数据（在谷歌案例中是游戏场景，在规划领域则可是各类建成环境的现实影响或设计效果）的深度学习与传统决策支持模型相结合将是今后对规划决策辅助模型的更有效升级路径。基于这一技术路线，有望实现从单要素的预测向多要素集成预测分析，从平面、线性的用地属性、规模和流量预测转向三维、立体的空间品质、城市活力等人居环境要素综合预测。

（二）采用机器学习人工智能技术辅助规划文本编制

随着规划行业从物质形态设计向"多规融合"的空间治理公共政策的转型，在宏观中规划公共政策等领域，以自然语言形式存在的规划文本、基础资料、访谈记录、专家及社会公众评论和政策法规与规划图件具有相同的重要地位。目前的状况是各类文本信息的承载的逻辑关系、策略、经验均依靠规划师的个人经验和人脑存储。资深的规划设计人员或许都会有一个体验，每次规划启动阶段收集的海量文本数据，往往都仅靠人工阅读留下的模糊印象，在规划成果部分采用，不少规划文本和政策文件往往停留在文字工整、标题醒目的表面水平上，核心观点以及内在因果逻辑关系的科学合理性很难保证。

二、绿色建筑智能控制

进入 21 世纪，地球上可用能源的减少和人类对能源需求的不断增加，使得人类最终面对能源短缺匮乏的危机；此外，能源的不合理使用所造成的污染，也给生态环境造成了很大的破坏。建筑作为能源消耗的"大户"，在为人们创造了温暖舒适、适合居住的生活环境的同时，也在以极快的速度吞噬着地球上有限的可用能源，并制造出大量有害污染物。据统计，21世纪以来，楼宇建筑每年消耗的能量占全球总能耗的50%以上，远远超过了工业、交通和其他一系列高能耗行业。随着建筑能耗问题的日趋严峻，如果不能够及时改变建筑方法，调整对传统建筑的认识并广泛实施绿色智能建筑的观念，人类将会很快面临能源枯竭、生态环境恶化等问题。

传统建筑的发展趋势是以能够减少污染物排放、对环境友好并提高能源利用率的绿色建筑为主。绿色建筑是指能够向居住人群提供健康、舒适的工作生活环境，并能够以最高效率利用能源、最低限度地降低对环境的影响的建筑物。绿色建筑最基本的特点是，绿色化、以人为本、因地制宜、整体设计，这表明绿色建筑既要遵循选址相关的设计原则，又要充分考虑所在地点的气候和环境，最大限度地利用自然采光、自然通风、被动式集热和制冷，从而减少因为通风、采光、供暖和制冷所导致的能耗和污染，着眼于整体和大局进行设计与实施。

随着信息技术的快速发展，绿色建筑的智能化是其发展的必然趋势。绿色建筑的智能化是指利用系统集成的方法，将计算机科学、控制理论、信息科学与建筑设计有机结合，通过跨学科、跨领域理论的融合，对建筑内用户的行为进行具体的分析和建模，对所在地区的环境因子进行监测和控制，使其满足人们对舒适生活的诉求。经过控制算法的处理后，该绿色建筑可以在保证居住者最大限度的健康舒适的基础上，实现能源最大限度的利用并尽量减少污染物的排放。

三、城市区域与功能

城市功能区是实现城市经济社会各类职能的重要空间载体，其数量与分布集中地反映了城市的特性，是现代城市发展的一种形式。城市功能区可由两种途径产生：一是社会自发形成，一个地方居住人群和生活方式的改变会导致该地区功能的变化；二是通过城市规划者人为设计，利用一系列投资建造使其成为某个功能区，如开发房地产、兴建游乐园等。

基于波段的遥感图像分类技术在城市地类识别和动态监测中获得了广泛应用，这为实时获取城市功能区的空间分布提供了可行的研究思路。然而，由于遥感图像的分类结果多侧重于区域的自然属性，如草地、建筑用地或湖泊等，很难获得诸如商业区、住宅区等区域经济社会属性。

一些学者通过收集每个区域的经济、人口和交通数据等，通过模糊分类方法划分城市功能区。其中的商贸繁华度、人口密度、道路通达度和绿地覆盖率等数据获取难度较大，实际应用前景有待检验。

另外，上述方法都无法获取功能区的强度信息，而其对城市规划、交通规划以及人们的日常出行等是一个非常重要的指标。移动定位设备的普及极大地便利了行人 GPS 移动轨迹的获取，从海量轨迹数据中挖掘用户出行信息和移动模式已成为空间数据挖掘领域的一个热点。

除导航外，GPS 数据中还蕴含着丰富的关于人类移动模式的知识。从 GPS 轨迹数据中可以提取用户的出行信息，通过预测模型来缓解城市的交通压力。通过行人轨迹提取密度和分布信息，为政府部门提供更好的城市规划。

事实上，行人移动轨迹中隐含的出行规律和移动模式与城市功能区定位存在很大的关联性。例如，工作日住宅区的出发高峰出现在早上，到达高峰出现在傍晚，而工业区正好相反；商业区的到达高峰出现在周末下午，且强度高于住宅区；绿化区的到达高峰出现在早上和傍晚，强度较小。

基于此，将行人的移动模式与城市功能区相结合，通过机器学习方法，可以从看似杂乱无章的 GPS 移动轨迹中发现城市的不同功能分区及其强度，以期为城市规划、建设和管理提供一定的决策参考。

四、零售和电信业的数据挖掘

1. 零售业是非常合适的数据挖掘应用领域，因为它收集了关于销售、顾客购物史、货物运输、消费和服务的大量数据。特别是，由于通过 Web 或电子商务上进行的商业活动日益方便和流行，收集的数据量继续迅速膨胀。今天，大部分较大的连锁店都有自己的网站，顾客可以方便地联机购买商品。有些企业，如 Amazon. com（http://www. amazon，com），只有联机商店而没有实体（物理的）商场。零售数据为数据挖掘提供了丰富的资源。

零售数据挖掘可以帮助识别顾客购买行为，发现顾客购物模式和趋势，改进服务质量，取得更好的顾客保持度和满意度，提高货品消费比，设计更好的货品运输与分销策略，降低企业成本。

以下给出零售业中的几个数据挖掘的例子：

数据仓库的设计与构造。由于零售数据覆盖面广（包括销售、顾客、雇员、货物运输、消费和服务），所以设计数据仓库存在许多方式，所包含的细节级别也可能变化很大。可以使用事先的数据挖掘演练结果来指导数据仓库结构的设计和开发。这涉及决定包括哪些维和层，以及为保证有效的数据挖掘应该进行哪些预处理。

销售、顾客、产品、时间和地区的多维分析。零售业需要关于顾客需求、产品销售、趋势和时尚，以及日用品的质量、价格、利润和服务的及时信息。因此，提供功能强大的多维分析和可视化工具是十分重要的，这包括根据数据分析的需要构造复杂的数据立方体。

促销活动的效果分析。零售业经常通过广告、优惠券、各种折扣和让利的方式展开促销活动，以达到提高产品销售和吸引顾客的目的。仔细分析促销活动的效果有助于提高公司利润。通过比较促销期间与促销活动前后的销售量和交易量，多维分析可以用于该目的。此外，关联分析可以找出哪些商品可能随降价商品一同购买，特别是与促销活动前后的销售相比。

顾客保有——顾客忠诚度分析。可以使用会员卡信息记录特定顾客的购买序列。可以系统地分析顾客的忠诚度和购买趋势。同一位顾客在不同时期购买的商品可以聚集成序列，然后可以使用序列模式挖掘研究顾客的消费或忠诚度的变化，据此对价格和商品的品种加以调整，以便留住老顾客，吸引新顾客。

产品推荐和商品的交叉推荐。通过从销售记录中挖掘关联信息，可以发现购买数码相机的顾客很可能购买另一组商品。这类信息可用于形成产品推荐。协同推荐系统使用数据挖掘技术，在顾客交易时根据其他顾客的意见产生个性化的产品推荐。产品推荐也可在销售收据、每周广告传单或 Web 上宣传，以便改进顾客服务，帮助顾客选择商品，并提高销售额。类似地，诸如"本周热销商品"之类的信息或有吸引力的处理也可以与相关信息一同发布，以达到促销的目的。

欺骗分析和异常模式识别。欺骗行为每年导致零售业损失数百万美元。重要的是：

①识别可能的欺骗者和他们的习惯模式；②检测通过欺骗进入或未经授权访问个人或组织账户的企图；③发现可能需要特别注意的不寻常模式。这些模式多半都可以通过多维分析、聚类分析和离群点分析发现。

2. 作为另一个处理大量数据的产业，电信业已经迅速地从单纯的提供市话和长话服务演变为提供其他综合电信服务。这些服务包括蜂窝电话、智能电话、因特网访问、电子邮件、短信、计算机和 Web 数据传输，以及其他数据通信服务。电信、计算机网络、因特网和各种其他通信和计算工具的集成正在进行，正在改变通信和计算的面貌。这就迫切需要数据挖掘技术，以便帮助理解商业动向、识别电信模式、捕捉盗用行为、更好地利用资源和提高服务质量。

电信业的数据挖掘任务与零售业有许多相似之处。共同任务包括构造大型数据仓库、进行多维可视化、OLAP、深层趋势、客户模式和序列模式分析。这些任务有助于提升业务、降低成本、留住客户、分析欺诈和提高竞争力。对于许多数据挖掘任务，专门为电信业开发的数据挖掘工具正在与日俱增，并且可望扮演日趋重要的角色。

数据挖掘已经在许多其他产业界广泛使用，如保险业、制造业、卫生保健业，还用于政府和公共管理数据的分析。尽管每个产业都有自己特有的数据集和应用需求，但是它们共享许多共同的原理和方法。因此，通过一个产业的有实效的挖掘，我们可以获得可以迁移到其他产业应用的经验和方法。

第四节　其他研究领域

一、科学与工程数据挖掘

以前，许多科学数据分析任务主要是处理相对较小的、同构的数据集。通常，使用"提出假设、构建模型和评价结果"的方式来分析这样的数据。在这些情况下，统计学技术通常用来分析这些数据。近年来，数据收集和存储技术的进步已经改变了科学数据分析的这种状况。现在，我们可以以更高的速度和更低的代价来收集科学数据。这导致了包含丰富时间和空间信息的高维数据、流数据和异构数据的海量积累。因此，科学应用不再是"假设—检验"的方式，而是逐渐转向"收集和存储数据，挖掘新的假设，通过数据或实验证实"的过程。这种转变对给数据挖掘带来了新的挑战。

使用精密的望远镜、多谱高分辨率的卫星遥感器、全球定位系统和新一代的生物学数据采集和分析技术，不同的科学领域（包括地球科学、天文学、气象学、地质学和生物科学）收集了海量的数据。由于各个领域的快速数字模拟，如气候和生态模型、化学工程、流体动力学和结构力学的数字模拟，也产生了大型数据集。

数据仓库和数据预处理：数据预处理和数据仓库对于信息交换和数据挖掘是至关重要的。创建数据仓库需要解决找出一种方法，解决不同时间在不同环境下收集的数据的不一致或不兼容问题。这需要调整语义、参照系、几何体系、测量结果、准确率和精度。需要集成异种数据源的数据（比如覆盖不同时间周期的数据）和识别事件的方法。

例如，考虑气候和生态数据，它们是空间的和时间的，并且需要对照地理数据。分析这类数据的主要问题是空间域中的事件太多，而时间域中的事件太少。例如，厄尔尼诺事件每4~7年才发生一次，并且以往的数据可能并没有像今天这样系统地收集。需要有效的方法计算复杂的空间聚集和处理空间相关的数据流。

挖掘复杂的数据类型：科学数据在本质上是异种的，通常包括半结构化的和非结构化的数据，如多媒体数据和地理参照的流数据，以及具有复杂的、深藏语义的数据（如染色体和蛋白质数据）。需要鲁棒的和专门的方法来处理时间空间数据、生物学数据、相关概念分层和复杂的语义联系。例如，在生物信息学中，一种搜索问题是识别基因的调节影响。基因调节是指细胞中的基因打开（或关闭）如何决定细胞的功能。不同的生物进程涉及不同的、以精确调节的模式一起起作用的基因组。因此，为了理解生物进程，需要识别参与基因和它们的调节。这需要开发复杂的数据挖掘方法来分析大型生物数据集，通过找出促成这种影响的 DNA 片段（"调节序列"），为特定基因上的调节影响提供线索。

基于图和网络的挖掘：由于现有建模方法的局限性，常常很难甚至不可能对多个物理现象和过程建模。而有标号的图和网络可以用来捕捉科学数据集上的空间、拓扑、几何和其他关系特性。在图或网络模型中，每个被挖掘的对象用图中的一个顶点表示，而顶点之间的边表示对象之间的联系。例如，可以使用图对化学结构、生物路径和通过数字模拟（如流体流量的模拟）产生的数据建模。然而，图或网络建模的成功依赖许多传统数据挖掘方法（如分类、频繁模式挖掘和聚类）在可伸缩性和效率上的改进。

可视化工具和特定领域的知识：对于科学数据挖掘系统，需要高级图形用户界面和可视化工具。这些工具应该与现有的特定领域的信息系统集成在一起，指导研究人员和一般用户搜索模式，解释和可视化已发现的模式，在决策中使用发现的知识。

工程上的数据挖掘与科学上的数据挖掘具有许多类似之处。两者都需要收集海量数据，需要数据预处理，建立数据仓库和复杂数据类型的可伸缩的挖掘。通常，两者都使用可视化，利用图和网络。此外，许多工程过程需要实时响应，因此实时挖掘数据流通常成为关键组件。

大量通信数据注入我们的日常生活。这种通信在万维网和各种社区网上以多种形式存在，包括新闻、博客、文章、网页、在线讨论、产品评论、消息、广告和通信。因此，社会科学和社会研究数据挖掘已经日趋流行。此外，可以分析用户或读者关于产品、讲演和文章的反馈，以推断社团的一般观点和意见。这种分析可以用来预测趋势、改进工作、帮助决策。

计算机科学产生了独一无二的数据。例如，计算机程序可能很长，并且它的执行通常产生很长的踪迹。计算机网络可以具有复杂的结构，并且网络流量可能是动态的、海量的。传感器网络可能产生大量具有不同可靠性的数据。计算机系统和数据库可能遭受各种攻击，它们的系统/数据访问可能提升了对安全和隐私的关注。这些独特的数据为数据挖掘提供了肥沃的土壤。

计算科学中的数据挖掘可以用来帮助监测系统状态、提高系统性能、隔离软件错误、检测软件剽窃、分析计算机系统缺陷、发现网络入侵和识别系统故障。软件和系统工程的数据挖掘可以在静态或动态（基于流的）数据上进行，取决于系统是否为之后的分析提前卸载跟踪，或者是否必须实时反应，处理联机数据。

在此领域中，已经开发了各种方法，它们集成和扩充来自机器学习、数据挖掘、软件/系统工程、模式识别和统计学的已有方法。对数据挖掘者而言，由于它的独特性，计算机科学的数据挖掘也是一个活跃的、多产的领域，需要进一步开发复杂的、可伸缩的和实时的数据挖掘和软件/系统工程方法。

二、入侵检测和预防数据挖掘

计算机系统和数据安全一直处于危险中。互联网的大规模增长，各种入侵和攻击网络工具和手段的出现，使得入侵检测和预防成为网络系统的关键组成部分。入侵可以定义为威胁网络资源（如用户账号、文件系统、系统内核等）的完整性、机密性或可用性的行为。入侵检测系统和入侵预防系统都监测网络流量和系统运行，以发现恶意活动。然而，前者是产生报告，后者是在线的并且能够实际地阻止检测到的入侵。入侵预防系统的主要功能是识别恶意行为，把这些行为的信息记入日志，试图阻止/停止恶意活动并报告这些活动。

多数入侵检测和预防系统都使用基于特征的检测或基于异常的检测。

基于特征的检测（signature-based detection）：这种检测方法利用特征。特征（signature）是由领域专家预先配置和确定的攻击模式。基于特征的入侵预防系统监测网络流量，寻找与这些特征的匹配。一旦找到匹配，入侵检测系统就报告异常，而入侵预防系统就采取相应的行动。注意，由于系统通常是动态的，因此只要新的软件版本出现，或者网络配置改变，或者其他情况出现，就需要很费劲地对特征进行更新。此外，另一个缺点是，这种检测机制只能识别与特征匹配的入侵。也就是说，它不能识别新的或先前未知的入侵诡计。

基于异常的检测（anomaly-based detection）：这种方法构造正常网络行为的模型（称为轮廓），用来检测显著地偏离该轮廓（profile）的新模式。这种偏离可能代表实际入侵，也可能只是一种需要添加到轮廓中的新行为。异常检测的主要优点是，它可能检测到以前未观察到的新入侵。通常，分析人员必须对偏离分类，以便确定哪些代表真正的入侵。异常检测的一个局限是较高的假报警。可以把新的入侵模式添加到特征集中，以加强基于特征的检测。

数据挖掘方法可以以多种方式帮助入侵检测和预防系统加强性能。

适用于入侵检测的新的数据挖掘算法：数据挖掘算法可以用于基于特征和基于异常的检测。在基于特征的检测中，训练数据被标记为"正常"或"入侵"。于是，可以导出一个分类模型来检测已知的入侵。该领域的研究包括使用分类算法、关联规则挖掘和代价敏感建模。基于异常的检测构建正常行为模型，并检测显著偏离的行为。方法包括使用聚类、离群点分析、分类算法和统计学方法。所使用的技术必须是有效的和可伸缩的，并且能够处理大量的、高维的和异种的网络数据。

关联、相关和有区别力的模式分析帮助选择和构建有区别力的分类器：关联、相关和有区别力的模式挖掘可以用来发现描述网络数据的系统属性之间的联系。这种信息有助于为入侵检测选择有用的属性。由聚集数据导出的新属性，如匹配特定模式的流量汇总，可能也是有用的。

流数据分析：由于入侵和恶意攻击的瞬时性和动态性，在流数据环境下进行入侵检测是非常关键的。此外，一个事件自身可能是正常的，但是如果看作事件序列的一部分，则被认为是恶意的。因此，有必要研究什么样的事件序列频繁地遇到，发现序列模式并识别离群点。对于实时入侵检测，还需要其他的数据挖掘方法，如发现数据流中的演化簇（evolving duster）和建立数据流的动态分类模型。

分布式数据挖掘：入侵可以从多个不同位置发动并指向许多不同目标。可以使用分布式数据挖掘方法，从多个网络位置分析网络数据，以便检测这种分布式攻击。

可视化和查询工具：应当有观察检测到的异常模式的可视化工具。这类工具可能包括观察关联、有区别力的模式、簇和离群点的特征。入侵检测系统应当具备图形用户界面，允许安全分析人员对网络数据或入侵检测结果提出查询。

总之，计算机系统一直处于安全性被破坏的危险之中。可以使用数据挖掘技术，开发强大的入侵检测和预防系统。这种系统可以使用基于特征或基于异常的检测。

三、数据挖掘与推荐系统

今天的消费者在线购物时会面对成千上万的商品与服务。推荐系统帮助消费者，向用户推荐他们可能感兴趣的产品，如书、CD、电影、饭店、网上新闻和其他服务。推荐系统可能使用基于内容的方法、协同方法或者结合基于内容和协同方法的混合方法。

基于内容的方法推荐用户喜爱的或者以前询问过的类似商品。它依赖产品的特征和文字说明。协同方法（或协同过滤方法）可能考虑用户的社会环境。它根据与用户有类似情趣和爱好的其他顾客的意见推荐商品。推荐系统广泛采用信息检索、统计学、机器学习和数据挖掘技术在商品和顾客爱好中搜索相似的对象。考虑下面的例子。

推荐系统的一个优势是它们为电子商务顾客提供个性化服务，促进一对一的销售。亚马逊是使用协同推荐系统的先驱，作为市场战略的一部分，提供"针对每位顾客的个性化商店"。个性化有益于消费者和公司双方。拥有顾客更正确的模型，公司可以对顾客的需求有更好的了解。而服务于这些需求则可在交叉销售、提升销售、产品亲和力、一对一促销、大购物篮、顾客保有方面获得巨大的成功。

推荐问题考虑顾客的集合 C 和产品的集合 S。令 u 是效用函数，度量产品 s 对顾客 c 的有用性。效用通常用等级表示，并且初始只对先前被用户评定过等级的产品有定义。例如，当连接电影推荐系统时，通常要求用户对一些电影评定等级。所有可能的用户和产品的空间 $C \times S$ 是巨大的。为了预测产品用户组合，推荐系统应当能够从已知的等级评定推断未知的，以便预测产品用户组合。对用户而言，具有最高等级评定/效用的产品推荐给该用户。

"如何为用户估计产品的效用？"在基于内容的方法中，根据同一用户赋予其他类似产品的效用来估计。许多这样的系统都致力于推荐包含文字信息的产品，如 Web 站点、文章和新闻消息。它们寻找产品的共性。对于电影，它们寻找类似的风格、导演或演员。对于文章，它们寻找类似的术语。基于内容的方法植根于信息论。它们使用关键词（描述产品）和包含关于用户品位和需求信息的用户轮廓。这种轮廓可以明确地得到（例如通过问卷调查）或从用户的长期交易行为中学习。

协同推荐系统试图基于与用户 u 类似的其他用户先前对产品的等级评定来预测产品对 u 的效用。例如，在推荐书籍时，协同推荐系统试图找到曾经与 u 一致的其他用户（例如他们购买类似的书籍，或者对书籍给出类似的等级评定）。协同推荐系统可以是基于记忆的（或基于启发式的），或者基于模型的。

基于记忆的方法本质上使用启发式，基于先前被用户评定等级的产品集进行等级评定预测。也就是说，产品-用户组合的未知等级可以用大部分类似用户对相同产品的等级评定的聚集来估计。典型地，使用 k-近邻方法，即找出与目标用户 u 最相似的 k 个其他用户（或近邻）。许多方法都可以用来计算用户之间的相似性。最常用的方法是使用 Pearson 相关系数或余弦相似性。可以使用加权聚集进行调整，因为不同的用户可能使用不同的等级评定尺度。基于模型的协同推荐系统使用等级评定集学习模型，然后使用模型进行等级评定预测。例如，概率模型、聚类（发现具有相似意向的顾客簇）、贝叶斯网络和其他机器学习技术都已经被使用。

推荐系统面临的主要挑战包括可伸缩性和确保推荐质量。例如，就可伸缩性而言，推荐系统必须能够实时地搜索数百万可能的近邻。如果站点使用浏览模式作为产品偏爱的指示，则对于它的某些顾客，它可能有数以千计的数据点。为了赢得顾客的信任，确保推荐质量是至关重要的。如果消费者接受系统推荐，但最终找不到喜爱的产品，则他们就不太愿意再使用推荐系统。

与分类系统一样，推荐系统可能有两类错误：假负例和假正例。这里，假负例是系统未能推荐的产品，尽管消费者可能喜欢它们。假正例是推荐的产品，但是消费者并不喜欢。假正例更不可取，因为它们可能打搅或激怒消费者。基于内容的推荐系统受限于描述被推荐的产品的特征。对基于内容和协同推荐而言，另一个挑战是如何处理尚无购物史的新用户。

混合方法集成基于内容的方法和协同方法，进一步改善推荐性能。Netflix 奖是由一家在线 DVD 租借服务资助的公开竞赛，奖金 100 万美元，征求最好的推荐算法，基于先前的等级评定预测用户对电影的等级评定。这个竞赛和其他研究表明，当混合多个预测器，特别是当使用多个显著不同方法的组合预测器而不是精练单一技术时，推荐系统的预测准确率可以显著提高。

协同推荐系统是一种智能查询回答形式，包括分析查询的意图，并提供与查询相关的信息。例如，与简单地返回图书描述和价格以响应用户查询相比，返回与查询相关但并未明显提及的附加信息（如书评、其他图书推荐或销售统计）对同样的查询提供了更智能的回答。

参考文献

［1］ 刘芳，王晓光．大数据处理技术应用与实践［M］．北京：北京邮电大学出版社，2023．

［2］ 李歆，范平，段善荣．HADOOP 大数据处理与存储技术［M］．上海：上海交通大学出版社，2023．

［3］ 谷远利．智能网联汽车交通大数据处理与分析技术［M］．北京：人民交通出版社，2023．

［4］ 邓红丽，高杰，李全刚．大数据采集与处理技术应用［M］．北京：北京理工大学出版社，2023．

［5］ 张俊明，杨荣民，王坤．Argo 数据处理与地球科学大数据平台建设［M］．北京：海洋出版社，2023．

［6］ 葛继科，张晓琴，陈祖琴．大数据采集预处理与可视化［M］．北京：人民邮电出版社，2023．

［7］ 井超，杨俊，乔钢柱．分布式大数据分析处理系统开发与应用［M］．北京：机械工业出版社，2023．

［8］ 马利庄，陈玉珑，李启明．可视媒体大数据的智能处理技术与系统［M］．上海：上海交通大学出版社，2023．

［9］ 刘少坤，左晓英．数据采集与预处理［M］．北京：机械工业出版社，2023．

［10］ 蔡茜，陈觎．大数据预处理技术［M］．北京：电子工业出版社，2023．

［11］ 吕云翔，姚泽良，谢吉力．大数据可视化技术与应用［M］．北京：机械工业出版社，2023．

［12］ 张道海，袁雪梅，李丹丹．大数据处理技术及案例应用［M］．北京：机械工业出版社，2022．

［13］熊泽明，王兴奎．大数据处理技术开发应用［M］．武汉：华中科技大学出版社，2022．

［14］童杰，冉孟廷，肖欢．大数据采集与数据处理［M］．上海：上海交通大学出版社，2022．

［15］刘春．大数据基本处理框架原理与实践［M］．北京：机械工业出版社，2022．

［16］韩锐，刘驰．云边协同大数据技术与应用［M］．北京：机械工业出版社，2022．

［17］梁美玉．智能视频数据处理与挖掘［M］．北京：北京邮电大学出版社，2022．

［18］秦国锋．计算机系统数据处理原理［M］．上海：同济大学出版社，2022．

［19］江兆银．大数据技术与应用研究［M］．西安：陕西科学技术出版社，2022．

［20］辛立伟，唐中剑．SPARK大数据处理技术［M］．北京：机械工业出版社，2021．

［21］卢贤玲．大数据处理技术与项目实战［M］．北京：新华出版社，2021．

［22］吴疆，朱江，林灵．基于云计算的大数据处理技术研究［M］．北京：中国原子能出版社，2021．

［23］安俊秀，唐聃，靳宇倡．Python大数据处理与分析［M］．北京：人民邮电出版社，2021．

［24］汪明．Python大数据处理库PySpark实战［M］．北京：清华大学出版社，2021．

［25］张雪萍．大数据采集与处理［M］．北京：电子工业出版社，2021．

［26］王志．大数据技术基础［M］．武汉：华中科技大学出版社，2021．

［27］李建敦．大数据技术与应用导论［M］．北京：机械工业出版社，2021．

［28］朱二喜，华驰．大数据导论［M］．北京：机械工业出版社，2021．

［29］施苑英．大数据技术及应用［M］．北京：机械工业出版社，2021．

［30］丁兆云，周鋆，杜振国．数据挖掘原理与应用［M］．北京：机械工业出版

社，2021.

［31］吕波．大数据可视化技术［M］．北京：机械工业出版社，2021.

［32］王道平，沐嘉慧．数据科学与大数据技术导论［M］．北京：机械工业出版
社，2021.

［33］张捷，赵宝，杨昌尧．云计算与大数据技术应用［M］．哈尔滨：哈尔滨工
程大学出版社，2021.

［34］王瑞民．大数据安全技术与管理［M］．北京：机械工业出版社，2021.